好男人愛下廚

親密共餐95道料理

Contents

目錄

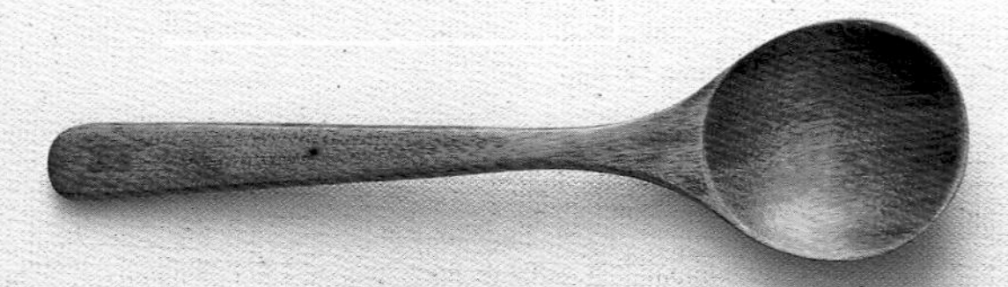

編輯室溫馨叮嚀

◆一個人從廚房玩出好創意
食譜份量為3～4人份。
◆和心愛的她享用甜蜜餐點
食譜份量為2人份。
◆凝聚全家情感的一桌菜
食譜份量為3～4人份。

計量單位換算

1公斤＝1000公克
1台斤＝600公克、1杯＝240cc
1大匙＝3茶匙＝15cc、1茶匙＝5cc

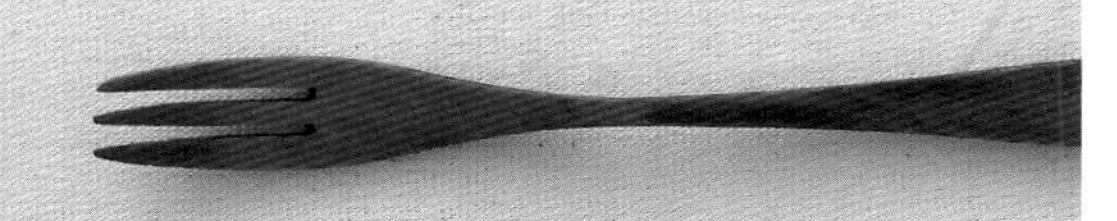

好男人的新園地

歐爾琳

新天地餐飲集團常務董事長

Foreword / 推薦序

傳統家庭觀念中的「男主外，女主內」從今也可以改成「男煮外，女煮內」。男人將廚藝用在外面來賺錢，而家裡煮飯的工作大部分由女人負責。小黑師傅這本新著作《好男人愛下廚》，期望男人在家裡也可以進廚房展現絕佳手藝。

此本料理書，從學習上菜市場、料理廚具的認識及調味醬料的運用……等，都有詳細介紹，並開發了近百道不同主題的料理食譜及教學，從一道菜開始學習到完成一整桌菜，從簡單的私房料理到創意的特色料理，以深入淺出的文字教導讀者如何成為廚房裡的新好男人。

作者在書中所傳達的意念：「現代的好男人不僅要是個居家好男人，更需成為維護全家人健康的靠山。」不僅鼓勵男人展現廚房料理手藝，也藉此維護全家人的健康，讓男人「由外而內」成為全家人的守護者。

小黑本身除了是位在家的新好男人之外，也是位屢屢獲獎的好廚師，更是學校中認真的好老師。在我跟他共事期間，一直讓我感佩的是，每當餐廳下午空班時間，總是能看到他在工作廚房裡持續專研料理，開發新菜單；也由於他這種努力的精神和創新的態度，所以只要我帶廚師們到別家餐廳試吃或出國考察各國美食，小黑必定是我同行的考察成員之一。

在新天地餐廳的經營上，我十分講究料理的創新與擺飾設計的工夫，小黑師傅跟著新天地一起成長，他將多年來的考察研究及廚藝精華，以家庭廚房的簡易操作方式展現於此，《好男人愛下廚》一書訴求的不僅是「好男人進廚房」煮飯菜給家人吃而已，而是能讓男人透過美食提升家庭生活的豐富性。

凝聚一家人的感情，得先一起走進廚房！

焦志方

美食節目主持人

Foreword / 推薦序

不記得是那個年代，曾經流行過一句話：「要抓住一個男人，先抓住他的胃。」似乎透過美食的吸引，好像真的能夠達到某種程度抓住人的效果。但是時至今日，這句話可能要改一改了。「要凝聚一家人的感情，得先一起走進廚房！」廚房絕對不是家中某個人的專屬領域，那是一個屬於大家的空間，藉由一起動手做料理，可以從每個人對食物的喜好來了解對方在想什麼；也可以從共同操作的過程分享彼此心裡的話，聆聽彼此的心聲；最後更可以從一起吃料理，享受共同努力的成果。

有什麼事情能夠讓大家開開心心地聚在一塊？問題是，大家一起進了廚房要「煮」什麼呢？小黑師傅的這本新書，裡頭蒐集了各種不同「符合現代飲食習慣，可以選用在地食材，充分運用家中鍋具」的食譜，最重要的是它們都是容易操作，而且過程失敗率非常低，但是最後的成品卻又是美味好吃不得了！

如果只有你一個人，就可以從「一個人從廚房玩出好創意」開始著手；如果剛好是兩人世界，那麼「和心愛的她享用甜蜜餐點」將是你們的首選；如果已經是一家人了，則「凝聚全家情感的一桌菜」正好可以安撫全家人的腸胃。

或許你會問，小黑師傅的菜為什麼能夠符合我家裡的飲食習慣呢？那你就放心吧！小黑師傅有餐廳經營的經驗，藉由每天安排菜色，觀察顧客反應，和消費者直接交流，他有一肚子的心得。然後他還在賣場不斷和民眾接觸，深知大家平常在家裡做菜最容易遇到什麼問題？如何才能順利解決？如何才能方便上菜？更多的是他還在學校裡面教書，從學生的口中，他了解媽媽們是如何料理三餐，爸爸們對三餐又有那些期待，孩子們都想吃些什麼料理和點心？有了這本料理好書，人人都能當個走進廚房的新好男人，人人都能為家人煮出一頓美味的飯菜囉！

男人愛下廚超有魅力

柯小平

美食節目主持人

Foreword / **推薦序**

過去「男尊女卑」的觀念已漸漸不存在了，以前的男人一回到家就一屁股坐在餐桌前，大喊：「老婆，今天晚餐吃什麼？」如今，跟從來不進廚房的硬漢相比，洗手作羹湯滿足一家人腸胃的男人，更容易加溫夫妻間的情感，凝聚全家人的心，也因此過得更幸福美滿。

下廚不再是女人的專利？男人不需要進廚房嗎？對於我來說，「男人遠庖廚」已經是落伍的觀念了。當男人下廚，對女人來說，不僅超有魅力，也是一幅最美麗的畫面，用充滿愛的心情做出來的甜蜜，是花錢也吃不到的幸福感。食物更是家庭生活中非常重要的靈魂，而餐桌更是凝聚全家人情感的地方，感受一家人圍著餐桌和分享生活，開動前的那一瞬間，也是讓男人愛下廚的重要因素。

李耀堂（小黑師傅）是我認識的廚師中最認真的料理者，更是一位愛老婆的好老公、疼愛小孩的好爸爸。他的料理除了美味外，尤重健康概念及視覺享受，在翻閱他的料理書，或到他拍攝食譜的現場探班時，總見小黑師傅專注於挑選餐盤和排盤，這是傳達著料理者對於食物的執著與認真態度。

透過本書《好男人愛下廚》，可以讓你從單身生活到兩人世界，再到全家餐；包含中式、西式、日式、東南亞風味近百道料理、點心和飲品。更希望妳能送這本書給親愛的他，一起下廚加溫情感及豐富生活。

人生三部曲：凝聚幸福的單身、兩人、全家時光！

魔法料理師

Preface／作者序

我必須感謝新天地餐飲集團常務董事長歐敏雄先生，帶我走遍各地，甚至出國品嘗各類小吃及異國美味。特別是出國時從來不預先訂飯店，而且規定行李必須少之又少，只能帶換洗的內衣物，且免洗得更棒，因為用完丟了，行李空間就可擁有多餘的空間。每次帶出國的行李，回國後都會長大，因為會買了各地著名的奇奇怪怪特殊醬料及產物回國研發，這些都是我們創新的來源。堅持不訂房，是因為我們也不知下一步會走到哪，到處掃街是我們愛做的事。逛當地生鮮超市是樂趣；巡禮傳統市場是體會當地食材的時刻；試吃過的餐廳是我們創作的來源；我總會將這些想法，再搭配自己的聯想空間創作出屬於個人特色的各式風味料理。

印象最深有一次在日本著名築地市場旁的拉麵店，七、八個人站著吃兩碗拉麵，約1坪大店面沒有座位，每個客人僅能站著吃，我們一起品嚐著兩碗拉麵，每個人僅能嚐到一小口，目的是為了讓肚子裝更多的食物來體驗更多不同道地小吃，連一旁賣咖哩蓋飯的老闆看到我們這樣也傻眼，這些經驗都是創新的來源，是設計的啟蒙，更是變化的源頭，同時非常感恩新天地歐常董的招待。

第一次下廚的男人，難免會鹵莽些，例如：烹煮時無法確實掌控火候大小，而導致燒焦，其實只要將火力適時調整至適當大小，搭配食材烹煮時間，抓住料理訣竅則成功機率將提高。需要長時間烹煮的食材只要隨時注意水分是否蒸發，將可降低乾燒的情況；料理並非一件困難的事，它就如品嚐美食一樣簡單，先了解並預先做功課，即能將失敗機率降低許多。

希望你能透過這本料理書，從單身至兩人的甜蜜世界，再至全家的歡樂用餐，都能帶給家人健康、美味的新享受，更能凝聚全家人的情感！

Part 1

不再遠庖廚：料理初級班

誰說拿鍋鏟的男人，不能變身為雄赳赳、氣昂昂的廚房騎士呢？透過作者的經驗帶領你慢慢成為好男人、好丈夫、好爸爸。

從逛菜市場開始愛下廚

外觀醜陋是無農藥的印證

很喜歡逛菜市場，因為在菜市場可以看到最當地的時令好食材，唯有當季的盛產的食材便宜又好吃，而且營養價值高。此外，上菜市場的好處，除了食材比超市、量販店新鮮外，最終是可以和菜販免費索取辛香料，例如：香菜、蔥、韭菜、九層塔。各類攤販老闆也非常熱情，會傳授烹調秘訣，到處充滿人情味。

向攤販詢問料理方法

更喜歡跟蹲在地上的伯伯、婆婆購買，他們會利用家中旁的區區小塊地面種各式蔬菜，量不多且外觀會醜陋些，葉面經常有蟲咬過的痕跡，但它們都是無農藥的印證。偶爾會發現有些食材是第一次看見，沒吃過的食材我最喜歡，因為它們是我料理的靈感來源。我會先買一些回家試煮，並且先詢問老闆這些東西適合的烹煮方法，第一次我會遵照建議烹煮，當品嚐後會依照食過的感覺再進行調整至最適當的口味，如此失敗的機率降低外，也可以很明確的知道如何給予這道菜新生命的能量。

判斷肉類新鮮的方法

購買肉品必須考慮到冰存是否有失溫情形，盡可能越早至菜市場選購後回家分裝處理，可避免肉品置於室溫下太久而腐壞。將每次用的份量分裝於密封袋冰存，將肉品壓平後冷凍，這樣可以好收納且方便日後退冰。選購肉品時需確認色澤紅潤且富彈性，以手指按壓後需有回彈情形，更要聞聞看是否有失溫或腐壞臭味產生。

每次購買海鮮不宜多

選購海鮮時必須先將水分濾乾淨，因為夾帶水分會讓選購的東西變重，建議早上七、八點至傳統市場購買，雖然收攤前的價位會下跌，但記得海鮮類越早購買越新鮮；若是在打烊前才購買，則請先確認新鮮度，通常放置過久易產生失溫情形，原則上選購後盡快回家，不宜在外久留為宜。海鮮類建議吃多少買多少，因為海鮮類只要死亡後，蛋白質組織即開始腐敗慢慢產生阿摩尼亞味道，所以要趁新鮮食用，切忌購買一大堆後，因為食用不完而放到壞掉。

廚房不再是戰場

地板鋪報紙收拾快速

男生做事通常都比較粗心，做完菜後廚房跟垃圾場沒什麼兩樣，所以這也是老婆大人不太喜歡男人進廚房的原因之一。本單元將提供最快速有效的方法，讓你更喜歡下廚，也讓親愛的另一半放心讓你下廚料理，歡喜一起享用幸福餐點。

做菜並非想像中那麼難，記得小時候家裡父母工作關係，在小學時就必須下廚幫忙做家事，也練就一身簡單下廚的基本工。當時會先拿兩張大報紙鋪在地上，我便拿了矮板凳，處理蔬菜的外皮及挑選蔬菜葉片的黃葉及雜質，並且依食材品項分類，然後再同時清洗。至於地上的報紙只要折起後，留在報紙上的菜渣投向家裡飼養的家畜餵養。現在飼養家畜已不常見了，有些地方認為沒煮過的蔬菜葉片可以當垃圾，但我還是堅持把它丟到廚餘桶裡，因為個人認為廚餘再回收後，廠商還會煮過再進行飼養。

有條理規畫事半功倍

清洗蔬菜後，再進行葷食肉類、魚類、海鮮的清洗，切割動作依然以蔬菜優先，再換葷食切割，然後進行配菜，配完菜後記得先熬製費程較長的菜色，例如：湯品、煨滷菜餚，等到完成後再進行熱炒，以確保食物的溫度，讓家人隨時都能吃到熱熱的菜餚。我習慣先備好食材後，先用壓力鍋進行煮或燉滷類，且讓食材燜在壓力鍋中，第一可以省下很多時間，再來尚可保溫；若是不用滷很久的菜餚，會利用休閒鍋來烹調，完成後順便移到外鍋進行保溫，等全家人回來後再炒菜，這時就可以吃到每道熱騰騰的營養料理了。

等待時間順手清洗碗盤

製作過程中也隨時將髒的鍋、碗、碟順手清洗，只要利用烹調等待時間將碗碟清洗，並做好垃圾分類及器具歸納，待烹調完後，拾抹布擦拭排油煙機和流理臺，這樣的處理流程，廚房再也不會像戰爭後的廚房了。

單身貴族的方便料理法

本書中「一個人從廚房玩出好創意」特別為單身族設計一鍋飽的簡便料理，由於考量烹調上使用食材方便性，份量多為3至4人份，故建議放涼後可分裝，再放入冰箱冷凍保存，每天輪流吃不一樣，但建議於兩星期內盡快食用完為宜。

下廚前的基本學習

蔬菜清洗&保存

購買回家的蔬菜需先將泛黃及爛葉去除，再去除較老或不食的部分，最後以白報紙包起後裝進密封袋冰存於冷藏室最下方；至於根莖類蔬菜，則需先去除莖部後再做包覆冰存動作。避免用報紙包裹，因為報紙油墨會殘留於蔬菜葉子上而造成不易清洗。清洗蔬果應先將外皮污垢洗淨；若不易清洗時，可以先以毛刷刷除乾淨再以流動清水沖淨，最後刨去表皮並切割。

乾貨清洗&保存

先清洗表面灰塵及雜垢，再以清水做浸泡動作後，接著進行切割處理，並避免將不同乾貨浸泡在一起，免得味道交錯混合。

肉類清洗&保存

肉類先以逆紋分割好每餐的用量，再以密封袋包覆，擠去多餘空氣後放入冷凍庫平放冰存，並於密封袋上寫上購買日期，就可以控管先進先出的原則。讓肉類結凍後再做堆疊，若是先堆疊冷凍，數量過多時中心溫度無法快速降到冷凍的溫度，將影響保鮮品質。

海鮮清洗&保存

魚類則必須先去除鱗片、內臟、鰓後洗淨，以廚房紙巾擦去多餘水分，再依每次烹煮份量裝進密封袋中，擠出多餘空氣，平放冷凍後再做堆疊。海鮮類的蝦、貝、蟹、軟體類，選購後清理乾淨，再分類裝入密封袋做冷凍或冷藏冰存。並於密封袋上寫上購買日期，就可以控管先進先出的原則。

避免食材交叉污染

先清洗污染較低的食材，例如：水果、蔬菜、乾貨，再依序清洗四隻腳（牛、豬、羊）、兩隻腳（雞、鴨、鵝）等肉類，最後再清洗海鮮類，如此將不會有交叉污染現象產生。蔬果若要做切割，必須選用水果專用砧板，可避免蔬果沾滿蒜味或肉腥味。

退冰技巧

肉類、海鮮退冰時，可以不拆除密封袋，於烹調前一晚放置冷藏室退冰；或放置節能板於常溫下退冰即可迅速化冰；或將冷凍的食材連同塑膠袋放入水中進行退冰。應避免去除外袋直接丟入水中進行退冰，可阻隔水滲入而影響新鮮度。

媽媽味道奠定料理基礎

兒時體驗辦家家酒樂趣

鄉村中長大的我，每到冬天的農田總是種滿了芥菜、大白菜、蒜苗、菜心、蘿蔔等吃不完的冬季蔬菜。每個鄉村家庭廚房裡都有一個爐灶，小時候我最喜歡生火，總會在熊熊烈火爐灶中丟入一、兩顆蕃薯在爐灶裡烤。過年家中一定會做蘿蔔糕、甜米糕、發糕，尤其是甜米糕是必須靠體力不斷地攪拌完成，這時爸爸是體力最好的一個，小心翼翼的攪拌避免燒焦，總會先將糯米、在來米完成浸泡後再繼續研磨的手續，然後經過一天的水分壓乾，再進行製程處理至完成，我總是把它當成是辦家家酒在玩，也因此經常被修理。

古早心料理溫暖古早味

家中總是會做超級多的蘿蔔糕、甜米糕，這些通常都是送親戚朋友，媽媽就是喜歡做，我也不懂，只知道親戚朋友誇獎好吃，她就非常高興。年菜家中最常見的料理是蝦仁腿庫筍絲羹，將炸過的腿庫煨滷後再加入煮好的羹湯，再加入喜愛的香菜食用；沙茶燴炒三鮮、涼拌鴨掌也是我的最愛，而且總會在菜餚中加入小黃瓜、紅蘿蔔絲、蒜碎、辣椒、白醋、沙茶等，涼拌後特別開胃，就是喜愛脆脆的口感；還有古早味焢肉飯和米糕，到現在只要回到老家看看老人家，媽媽還會為我做這些料理。

端午節的粽子也是必備之一，包法我總是學不起來，生火才是我的職責。媽媽最喜歡粳粽沾蒜頭醬油，而我則最喜歡沾蜂蜜吃；即使沒有蜂蜜，還會拿二砂糖沾著吃，難怪我會叫李耀堂（你要糖）。長大後外出工作，總會思念媽媽的好味道，回家時經常看著媽媽料理時趁機詢問，從此讓我愛上下廚。

鍋具

善用鍋具烹調美味

不沾平底鍋

一般不鏽鋼鍋具需熱鍋後才開始烹調食材，油溫不夠就容易沾黏、焦鍋或煮糊了，更別提高溫引起的沙拉油變質或大量油煙所造成的傷害，所以不沾鍋是初學者的最佳幫手。市面上的塗層最多是三層，品質較差的塗層使用期較短，故建議挑選塗層有五層為佳。不沾鍋優點為好煎、好清洗、零失敗，且可減少料理油使用量。清洗時也非常簡單快速，僅需在熱鍋背部先沖水降溫，再以海綿加少許清潔劑沖洗乾淨即可，若是不髒時，僅需廚房紙巾加入適當的水擦拭就很乾淨了。

炒鍋

炒鍋選擇複合金材質為宜，具有快速熱傳導、受熱均勻功能，並有相當高的儲熱效果，且不需使用大火烹煮 。鍋身較深的炒鍋，其炒菜、炒肉較不易掉出鍋外。若家中沒有蒸籠，也可以將炒鍋當作蒸籠使用，鍋中鋪著電鍋架或電鍋盤，倒入適量水煮滾，再放入欲蒸製的食物即可。

壓力鍋

壓力鍋為廚房必備鍋具之一，適合用來烹調久煮不易熟的食材，例如：豬腳、花生，還可燉肉、煮湯、煮飯。只要將全部的食材往鍋內放並計時，待壓力閥下降即可，非常簡單又省時。可依需要選購適合容量，一般3.5公升適合燉煮一至兩人份；8公升的大容量適合全家四人份用餐量。

休閒鍋

個人喜愛使用休閒鍋做燉飯或煮飯，只要依照說明書使用說明，加入米和水，加熱後待冒煙轉小火，計時8分鐘後放進外鍋再燜8分鐘，米飯將特別彈牙好吃，每天都有不一樣的菜飯吃，例如書中的家鄉高麗菜飯、西班牙海鮮燉飯等，移至外鍋不掀開鍋蓋還有保溫效果。清洗時以菜瓜布輕輕刷洗即可；萬一黏鍋時，只要加點水加熱後，以菜瓜布刷洗乾淨即可。

廚房小幫手立大功

小刀

在處理食材前，可以先用小刀事先切割，例如將花椰菜切小朵；或是肉類需去除骨頭，均可使用小刀先剔除骨頭後再以片刀做分割食材。原則上會準備兩把小刀，一把做水果切割，一把做葷食帶有腥味切割，分類清楚後，食材就不會交叉污染。

片刀

適用於切菜、切不帶骨及硬質的食材，以右手下上刀或拉刀方式做切割，搭配左手C字形拱起將食材控制固定，往往初學者易切到手，均是左手未注意到移位或拱起而導致切傷情形發生，應避免之。

骨刀

用來剁帶有骨頭的肉類或魚類，或切塊使用，若是選擇較薄的片刀，這時會造成刀片的破損，所以選擇適當的刀具切適合的食材非常重要，骨刀適合剁含有骨頭且較硬質肉類或食材。但因為骨刀通常用的力道也較大，所以也必須注意另一隻手的安全，且必須注意食材是否會彈開，切記萬一彈開絕對不可以用手去接，通常這時候較容易受傷。

螺旋刨絲器

沒有良好的刀工沒關係，這款刨絲器能將紅蘿蔔、白蘿蔔或是要切絲的食材變成絲狀，去皮後的食材順時鐘旋轉即能刨出長條絲狀，若是在食材上劃上一刀，旋轉後便能自動成為一絲一絲狀態。

雙向刨刀

兩端有不同的刨刀頭，可用旋轉方式更換刨刀，一邊可刨薄皮，例如蕃茄不需燙過便可輕鬆刨皮；另一邊則可刨比較粗的皮，像是絲瓜、南瓜等。

玉米刮具

可輕鬆又迅速刮下粒粒分明的新鮮玉米粒，粒粒胚芽飽滿，取下的玉米梗可以作為高湯熬煮用。

易拉轉

將要切碎的食材，不管是粗粒、細粒狀都可以放入易拉轉容器中，以45度角來回拉轉，食材便可依照個人喜愛粗細做攪碎動作，且不沾手。爆香的辛香料，例如：蒜頭、薑，均可以處理成碎狀，取代用刀切。對於一個剛學習烹飪的男生，是最適合的好工具，製作各類醬汁或果醬非常方便，清洗時只要加入適當的清潔液刷洗即可。

蔬菜螺旋切具

可以毫不費力將紅蘿蔔、黃瓜、甜菜、馬鈴薯等食材變成螺旋蔬菜條，使用簡單又安全，共有四種不同厚度的刀片，只要打開蓋子放入食材，調整到想要的刀片厚度，輕輕下壓並轉動把手即可，對蔬菜愛好者來說，是個不可或缺的廚房器具。

攪拌杯＆旋轉攪拌棒

攪拌杯的杯身有多種單位刻度以便於測量，且附一個兩用杯蓋，杯蓋中間為可開式設計，打開時可放入旋轉攪拌棒；緊密時可當成一個儲存容器。旋轉攪拌棒可以快速混合食材，不需插電，上下擠壓便能簡單快速調製奶泡、醬汁、湯品等。

搖搖杯

兼具量杯和混合調製飲品、滷汁、醬料等功能。另外，有可用於擠檸檬、分離蛋白和蛋黃的裝置。杯子上的刻度印有毫升、杯量、液量盎司和最大計量的蛋液餡料等，方便使用量的控制；且有杯嘴可方便直接倒出液體，是廚房的小幫手。

隔熱手套

耐高溫的矽膠材質，方便端取熱湯鍋或烤盤使用的小工具。

節能板

可以省下很多瓦斯費的最佳工具，放在瓦斯爐上使鍋子受熱均勻。烹調食物時，節省時間，更可使鍋底不用直接接觸火焰，省去刷洗，同時亦能防止風吹而造成火焰不集中現象，無論小鍋加熱、鋼杯熱牛奶、便當盒熱菜皆宜。此外，放置想退冰的冷凍食材於常溫下的節能板，亦可迅速地解凍又不失食材風味。

認識調味料和食用油

蔭油

醬油及蔭油區分在於醬油是以黃豆製成，蔭油則是以黑豆經過120天日曝月露後所釀造出之黑豆壺底醬汁。純度高，味道香濃，口感甘醇獨特，為醬中之上品。適合滷、煮、炒、沾、拌、烤、醃，營養也遠超過黃豆。

蔭油膏

由黑豆經過120天日曝月露後所釀造出之黑豆壺底醬汁，再以天然糯米漿調合而成，適合沾、拌、醃。

味霖

糯米發酵的甜米醋，個人經常以它取代味精，可以使食物更加鮮美，具提鮮、提味、保濕及天然濃郁之特質；亦可去除鹹味讓菜餚更加美味爽口

橄欖油

特級冷壓橄欖油即俗稱的第一道冷壓橄欖油，是以新鮮橄欖果實鮮採現壓榨取得的橄欖油，適合涼拌、清炒，其富含單元不飽和脂肪及橄欖多酚，可以預防心血管疾病的發生，也是高抗氧化的食物。

葡萄籽油

葡萄籽油取自歐洲葡萄酒品種的葡萄籽。葡萄籽油發煙溫度高達240℃，適合所有高溫烹調的料理方式，因為含有對皮膚有益的花青素，所以適合愛美女性使用。

玄米油

玄米即糙米，玄米油是將糙米中最有營養價值的胚芽及麩皮壓製成油，保留了糙米的營養精華「穀維素」，對成長中的小朋友很有幫助，因此成為日本中小學營養午餐的指定用油，適合清炒、油煎、油炸。

調味料 & 食用油

認識基本辛香料

五香粉

五香粉是由八角、玉桂粉、丁香粉、花椒、小茴香混合而成，適合添加於中式煨滷肉菜餚；亦可加入滷味中增加香氣，或出現於肉包中的肉餡調味。每個品牌的五香粉均有其獨特配方比例，可依照個人喜愛品牌來添加即可。

花椒粒

川菜中最常見的香料之一，最常出現於麻辣鍋調味，其中的辣味主要來自於果皮，除了可以增加食慾外，亦可去除各種肉類的腥味。四川的大紅袍味道較香濃且麻辣，可以促進唾液分泌，所以有很多業者將其搾成花椒油料理或涼拌增加麻辣感，例如：五更腸旺。由於皮薄入菜，為了避免快速焦化，亦可沾濕後再爆香，可以抑制迅速焦化速度。

紅蔥頭

中式烹調中增加香氣必要之一，在肉羹湯、米糕、滷肉、肉燥、粽子都有它的特殊香氣，切片後的紅蔥頭以豬油炸酥後浸泡在豬油中，再裝罐後放入冰箱冷藏保存，煮湯、煮麵、煨滷均可使用。蔥油、蔥酥都是入菜的好幫手，在泰式料理中也廣泛被使用。

孜然粉

新疆孜然強烈的香氣，可與蔬菜、羊肉、牛肉、豬肉、雞肉等食材搭配，尤其是炭烤羊肉特別適合，有可降低羊腥味的存在，無論是肉類醃製或是當作燒烤調味料都非常適宜，醃製雞排、肉排炸後，再次撒上孜然粉則香氣十足，火鍋亦可加入適量調味。

百里香

味道清新濃郁，無論是肉類或海鮮都適合搭配，例如：西式燉飯、泡菜，尤其是醬汁的熬煮及西式香草束搭配迷迭香、蒜苗、西洋芹、紅蘿蔔等食材熬煮高湯底被廣泛運用於西式料理中。豐富的麝香草酚成分可以提振精神，及具殺菌、防腐、驅蟲、去除腥味的作用。

大蒜

有殺菌功能的蒜頭，氣味辛辣強烈，在料理上適合爆香、醃製；大蒜精油亦有豐富的經濟價值提高免疫力，大蒜在烹調中除了調味外還可以幫助消化，也能促進食慾；大蒜素具有極強的殺菌能力，所有涼拌菜、涼麵中都有添加適量大蒜；臺灣烤香腸會搭配生蒜一起食用。

薑黃粉

又稱鬱金香粉，薑黃目前臺灣也種植許多，咖哩料理當中鮮艷的顏色就是來自薑黃的色彩，日本料理的黃蘿蔔及便當常見的黃蘿蔔均是薑黃渲染醃製後的產物，顏色特殊所以也被運用到烘焙及食物的天然著色劑，西班牙炒飯的番紅花屬於價格較高食材，有些餐飲業者會利用薑黃充當番紅花艷黃色彩取代。

辛香料

認識基本辛香料

迷迭香

強烈味道中略帶苦味及甘味，適合搭配羊排以壓制羊排的腥味，也被常使用於豬肉、羊肉醃製或燉煮。早期沒有冰箱時，經常利用香料來醃製保存。使用乾燥迷迭香入菜時，記得剛開始需加入少許，起鍋前再加入少許可增加香氣，迷迭香也適合在臺灣土壤種植，更是義大利和法國料理不可或缺的香料之一，除了入菜以外，歐洲人拿來泡酒和泡茶也很常見。

奧利岡

又稱皮薩草，在製作披薩的醬汁中不可缺少的香料，例如：蕃茄醬汁、肉醬。可增加食物的風味，是希臘、義大利、墨西哥菜最常用的香料之一，非常適合和蕃茄、起司、肉類搭配烹調；墨西哥辣椒醬中廣泛運用，由蕃茄搭配的麵、魚、肉加工品中均會添加適量奧利岡。

義大利香料

混合的複方綜合香料，包含羅勒葉、迷迭香、百里香等香料組合而成，用於義大利菜、披薩、麵條、肉類料理上，無論是醃製、燉煮、醬汁都適合運用，每個廠牌的義大利香料配方略異，有的會加入蒜粉，所以茹素者必須斟酌使用。

洋蔥

洋蔥是料理中常見的食材，例如：洋蔥湯、披薩、西式醬汁、高湯、生菜沙拉。洋蔥所含的硫化物可去除腥味，熬高湯時加入洋蔥，可以讓高湯變得更好喝。西式莎莎醬、千島醬、油醋醬等都有洋蔥碎的存在。

月桂葉

帶有芳香及些微苦味，最常運用於在西式料理的燉煮、熬湯。其特殊香氣可以放幾葉在家中的米甕中，可以抑止米蟲的孳生。市面上均以乾燥月桂葉為多，若取得新鮮月桂葉，僅需搓揉葉子數下再放入高湯中燉滷，在西式肉醬中均有加分的效果。在希臘神話中，代表著「阿波羅的榮耀」，使用月桂編織的花環冠戴在勝利者以驅魔避邪。

八角

外形為八角狀，故稱為八角；它的英文名為 Star Anise 星狀茴香。八角在每個家庭中為常見香料之一，常用在煮肉的香料，無論是煨滷、醃製、煮醬汁、紅燒均可；香氣芬芳、味道淡淡的，滷包中一定會有它的成分，可以壓抑肉類食材腥味。

印度咖哩粉

由孜然、荳蔻、茴香、薑黃、丁香等二、三十種香料混合製成，印度咖哩香料味較為豐富，日式咖哩重於蔬果的熬製，南洋咖哩著重椰汁奶味，且分為綠咖哩、黃咖哩等，無論是哪一國咖哩烹煮一定離不開蒜頭、洋蔥、馬鈴薯、紅蘿蔔的搭配。烹調出來的味道來自於選用的咖哩種類，個人喜愛購買多款混搭後再烹煮，將創造與眾不同獨特的風味。

辛香料

AMT
GASTROGUSS

Part 2

一個人從廚房玩出好創意

一個人的單身生活偶爾會思念媽媽的好味道，從此刻開始好好照顧腸胃，在廚房學習料理並玩出好創意。

日式南瓜拉麵

材料

A 南瓜400公克、洋蔥50公克、蔥25公克

B 魚板50公克、蟹肉50公克、青江菜50公克、拉麵2包

調味料

A 味噌20公克、牛奶50公克

B 糖3公克、鹽1公克

作法

1 南瓜去除皮及籽後切成塊狀；洋蔥切碎；蔥切成蔥花；魚板切片，備用。

2 起鍋，炒香洋蔥，加入南瓜拌炒，加入2杯水煮沸，轉小火續煮7分鐘即關火。

3 將煮好作法2南瓜放入果汁機，加入味噌，一起攪打成泥，再倒回原鍋中。

4 加入牛奶、2杯水煮沸，放入材料B煮片刻，再加入調味料B拌勻，起鍋前加入蔥花即可。

Chef's Tips

◆此道食譜份量為 3 人份。

◆南瓜去皮及籽後營養會略減，不喜歡有顆粒口感，可以將皮連同籽切塊後煮熟，再攪打成泥，這樣營養就滿分了；對於攝護腺腫大亦有保護作用。

◆加入適當的味噌，這時濃郁道地的日式風味即浮現出來。

孜然昆布火鍋

材料

A 排骨200公克、昆布1條

B 大白菜600公克、綜合火鍋料250公克、蝦350公克、魚板150公克、青江菜150公克

調味料

A 孜然粉1公克、鹽2公克、白胡椒粉1公克

B 糖3公克、鹽1公克

作法

1 排骨、昆布、2000cc水放入壓力鍋內，蓋上鍋蓋加熱，待壓力閥上升至第2條線，轉小火續煮6分鐘待壓力閥下降即可。

2 蝦去腸泥；大白菜切塊；魚板切片，備用。

3 將作法1所有材料倒入湯鍋中，加入調味料A拌勻，放入大白菜、綜合火鍋料煮沸，轉中小火煮5分鐘。

4 再放入蝦、魚板及青江菜煮熟即可。

Chef's Tips

◆此道食譜份量為 4 人份。

◆高湯可以一次熬煮多一些，降溫過濾後再倒入製冰盒中，冷凍製成冰塊即為高湯塊。

◆高湯也可裝入夾鏈袋、保鮮盒冰存，以利下次使用，使用夾鏈袋建議先以托盤平躺後再移入冷凍堆疊收納。

印度風味咖哩雞

材料

A　棒棒腿350公克、洋蔥50公克、馬鈴薯150公克、紅蘿蔔50公克、蒜頭25公克

調味料

A　紅椒粉1公克、中筋麵粉1公克、白胡椒粉1公克、鹽1公克

B　橄欖油30公克、咖哩粉30公克、薑黃粉1公克、鹽1公克、糖3公克

作法

1. 洋蔥切成1公分丁狀；馬鈴薯、紅蘿蔔切成2公分丁狀。
2. 蒜頭以易拉轉拉碎；棒棒腿加入調味料A醃漬10分鐘。
3. 取休閒鍋熱鍋後，加入橄欖油，煎香棒棒腿至呈金黃色後取出備用。
4. 原鍋接著放入蒜碎、洋蔥拌炒，加入咖哩粉、薑黃粉炒香，加入馬鈴薯、紅蘿蔔、棒棒腿及2杯水熬煮至沸。
5. 待熟透，再加入鹽、糖調味即可。

西班牙海鮮燉飯

Chef's Tips

- 此道食譜份量為 4 人份；若沒有休閒鍋，可以燉鍋或較深的平底鍋燜煮。
- 爆炒辛香料的訣竅，在於必須將辛香料一種一種依序以小火慢慢煸炒至香氣充足，千萬不可囫圇地將所有材料一次下鍋爆炒，這樣才能烹煮出風味絕佳的美味燉飯。
- 傳統西班牙燉飯是加入番紅花，也就是番紅花的雄蕊，但礙於價錢昂貴，因此以薑黃粉替代即可。
- 現在的蛤蜊在購買時，都已經是吐好沙了，所以在購買時可以詢問老闆，是否要再進行吐沙程序。

材料

A 白米3杯、白蝦200公克、蛤蜊200公克、中卷200公克

B 紅蘿蔔150公克、洋蔥150公克、蒜頭50公克

調味料

A 薑黃粉1公克、白胡椒粉1公克、鹽1公克、糖2公克

B 橄欖油30公克、巴西里碎適量

作法

1. 取易拉轉分別將紅蘿蔔、洋蔥、蒜頭拉碎；中卷洗淨去除內臟切圈，備用。
2. 白米洗淨；白蝦開背去除腸泥，備用。
3. 以休閒鍋熱鍋，加油炒香蒜頭，再加入洋蔥、紅蘿蔔和白米拌炒。
4. 加入調味料A續炒，再加入3杯水，放入白蝦、蛤蜊、中卷，並蓋上鍋蓋，待鍋蓋邊冒煙即轉小火計時8分鐘。
5. 最後移至外鍋，計時15分鐘，開鍋後加入巴西里碎拌勻即可。

家鄉高麗菜飯

材料

A　白米2杯、高麗菜150公克、梅花肉50公克

B　紅蘿蔔25公克、黑木耳35公克、蒜頭25公克、乾香菇50公克

調味料

A　玄米油30公克

B　豬油紅蔥酥15公克、鹽1公克、白胡椒粉1公克

作法

1　高麗菜以手撥成片狀；乾香菇泡水；梅花肉切成0.3公分片狀；白米洗淨，備用。

2　分別用易拉轉將紅蘿蔔、黑木耳、蒜頭、香菇拉碎備用。

3　熱鍋，加入玄米油炒香蒜頭後，放入香菇拌炒，再加入梅花肉、紅蘿蔔、黑木耳、白米及調味料B拌炒均勻。

4　接著加入2杯水，將高麗菜鋪在最上面，蓋上鍋蓋燜煮。

5　待鍋蓋邊冒煙時，轉小火計時8分鐘後，移至外鍋再計時15分鐘，掀蓋拌勻即可。

Chef's Tips

◆此道食譜份量為 4 人份。

◆香氣十足的豬油也可以親自製作，重點是選購當天新鮮溫體豬的豬板油，先將豬板油以小火慢慢煉製出豬油，然後將乾煸的豬油粕撈除，即是香美清澈的豬油。

◆美味的豬油紅蔥酥，除了好豬油外，煸製紅蔥酥的火候也很重要，訣竅在於以小火慢慢爆香，待紅蔥頭轉至金黃稍淺時即關火，餘溫會讓紅蔥頭顏色更熟深，因此一定要小心看顧，否則一旦過深就會反苦，功虧一簣。

排骨大補湯

材料

A　子排350公克、美白菇50公克、鴻禧菇50公克、薑25公克

調味料

A　白胡椒粉1公克、鹽2公克、大補包1包

作法

1. 薑洗淨切片；美白菇、鴻喜菇撥開，備用。
2. 所有材料A放入壓力鍋內，並加入1500cc的水。
3. 蓋上鍋蓋加熱，待壓力閥上升至第2條線，轉小火續煮5分鐘待壓力閥下降即可。

Chef's Tips

- 此道食譜份量為3人份；也可以使用電鍋烹煮，外鍋加入2杯水煮至開關跳起即可。
- 大補包配方可至中藥行請藥師按以下藥材秤配：當歸1錢、青耆1錢、熟地1錢、川芎2錢、紅棗3錢、黑棗3錢、桂枝2錢、枸杞3錢。
- 除了子排，也可以換成雞、鴨或其他肉類。
- 大補包加上高湯熬煮即成藥膳火鍋之湯底，或大人小孩皆適合享用的高湯底。
- 購買時記得請中藥行給藥布包，熬煮時將藥材放入布包中，熬出的湯汁才會清澈無藥渣。

焢肉飯

材料

A　白飯4碗、五花肉350公克、蛋4顆、蒜頭25公克、蔥30公克、薑25公克

B　小黃瓜150公克、蒜頭10公克

調味料

A　滷包1包、冰糖25公克、蔭油60公克、米酒50公克

B　味霖15公克、鹽1公克

作法

1　薑拍扁；五花肉切成1公分厚片，備用。

2　小湯鍋中放入蛋，並加水至淹過蛋的高度後煮至水沸，轉小火續煮12分鐘，取出蛋沖涼後去殼，備用。

3　取壓力鍋，加入少許葡萄籽油，將五花肉煎至兩面焦黃。

4　接著加入蒜頭、蔥、薑一起爆炒，放入調味料A及水煮蛋，蓋上鍋蓋，待壓力閥上升至第1條線，轉小火續煮10分鐘待壓力閥下降即可。

5　小黃瓜切片，以少許鹽殺青後擠去多餘水分。材料B蒜頭以易拉轉拉碎，加入小黃瓜片、調味料B拌勻即為漬小黃瓜。

6　取適量白飯，搭配焢肉、小黃瓜片一起食用即可。

Chef's Tips

◆此道食譜份量為 4 人份。

◆水煮蛋必須在冷水時一起煮，以避免蛋殼破裂，煮時亦可在水中加入 1 大匙白醋便能讓蛋黃固定在中間。

◆滷肉可以一次多做些，然後分裝冷凍。吃剩的滷汁也別丟，留待下次製作滷肉時加入，可使滷汁香氣更足。

◆醃漬小黃瓜先用適當的鹽巴殺青，逼出小黃瓜中的苦水，再加入調味料。因此殺青完後必須試一下味道，若是過鹹時，則必須以礦泉水洗過，這樣可以避免調味完後過鹹。

紅燒牛腩

材料

A 牛腩350公克、蒜頭25公克、洋蔥50公克、老薑25公克、蔥25公克

B 白蘿蔔120公克、紅蘿蔔120公克、牛蕃茄2粒

調味料

A 玄米油30公克、滷包1包

B 辣豆瓣25公克、蔭油20公克、冰糖10公克、沙茶醬25公克

作法

1 白蘿蔔、紅蘿蔔切成3公分塊狀；牛蕃茄切成4等份；洋蔥切成2公分大丁狀。

2 老薑拍扁；牛腩切成2公分長段；蔥切5公分長段。

3 取壓力鍋，加入玄米油，先炒香牛腩，再加入蒜頭、洋蔥、老薑、蔥炒香，接著放入調味料B一起拌炒均勻。

4 再加入2杯水、白蘿蔔、紅蘿蔔、牛蕃茄和滷包，蓋上鍋蓋加熱。

5 待壓力閥上升至第2條線，轉小火續煮10分鐘待壓力閥下降即可。

Chef's Tips

◆此道食譜份量為 3 人份。

◆熱鍋炒香牛腩時，可以先使用耐高溫的玄米油做煸香動作。牛腩必須煸炒至蛋白質熟透後才能再下另一個食材，這樣可以使牛腩內的湯汁及血水鎖住，避免熬煮時血水竄出而造成湯底混濁。

◆辣豆瓣拌演著很重要的角色，拌炒後能讓湯頭的香味十足，若不吃辣亦可換成不辣的豆瓣醬。

◆不吃牛肉者，可以選擇羊肉也超級好吃；再也不用上館子了。

蒜茸鮮蝦冬粉煲

材料

A 開背蝦仁600公克、寬粉250公克、蒜頭100公克、蔥30公克、香菜20公克

調味料

A 葡萄籽油30公克

B 蔭油50公克、鹽1公克、香油2公克

作法

1 寬粉泡水；蔥、香菜分別切成0.5公分段；蒜頭以易拉轉拉碎，備用。

2 熱鍋，倒入葡萄籽油，加入蒜碎拌炒至金黃色後撈起。

3 原鍋放入寬粉，加入調味料B、2杯水待煮沸，放入蝦仁及蒜碎拌勻，蓋上鍋蓋，待鍋邊冒煙後關火。

4 掀蓋，均勻撒入蔥、香菜即可。

Chef's Tips

◆此道食譜份量為 4 人份。

◆開背蝦仁也可換成帶殼草蝦、鱸魚菲力、吳郭魚菲力或貝類都非常好吃。

◆拌炒蒜碎時需注意火候的掌控，過焦會使蒜碎變苦，所以火不宜過大，且要比原先預期的時間提早撈出，因為蒜碎上的餘溫會讓蒜碎更熟黃。

◆寬粉需浸泡後再烹調，若不泡水，會使寬粉在烹調時吸乾湯汁，且口感容易過韌。

麻辣鴨血豆腐

材料

A　鴨血450公克、板豆腐450公克

B　蒜苗150公克、油條1條

調味料

A　麻辣醬200公克、豆瓣醬50公克、八角5公克、花椒5公克

B　冰糖25公克

作法

1　蒜苗切成斜片；鴨血、板豆腐分別切成2公分塊狀，備用。

2　起鍋，先炒香調味料A，加入冰糖拌炒均勻，再加入3杯水。

3　放入鴨血、豆腐，以小火續煮20分鐘，待入味後加入蒜苗、油條即可。

Chef's Tips

◆此道食譜份量為 4 人份。

◆麻辣醬運用在很多料理上，例如：搭配現炒的肉品或海鮮都是不錯選擇，亦可加入高湯後變成麻辣火鍋湯底。

◆鴨血、豆腐煮的過程中避免蓋上鍋蓋，因為這個動作會讓豆腐膨脹後使其組織產生較多空氣，熱脹冷縮效果會使得豆腐、鴨血變形且失去原本口感。

Part 3

和心愛的她享用甜蜜餐點

能為心愛的她親手烹煮喜愛的各國風味料理，就心滿意足了。兩個人情感持續增溫，就從一起享用幸福餐點開始吧！

地中海風味 情人餐

【開胃菜】

迷迭香蕃茄

材料

A　黃蕃茄50公克、紅蕃茄50公克

調味料

A　橄欖油50公克、迷迭香5公克、黑胡椒粉1公克、鹽1公克

B　橄欖油60公克、巴薩米克醋膏2公克

作法

1　熱鍋，加入橄欖油，放入材料A拌炒片刻。

2　加入迷迭香、黑胡椒粉、鹽調味。

3　盛盤時分別淋上拌勻的調味料B即可。

Chef's Tips

◆巴薩米克醋膏，可以取 200 cc巴薩米克醋（Balsamico）以平底鍋或是小湯鍋，熬煮至剩 50 cc待涼後就是醋膏，可以當作沙拉醬汁或擺盤用的裝飾線條呈現。

◆巴薩米克醋膏可以醋：蜂蜜：冰水為 1：1：8 的比例調製成醋飲。

【湯品】

孔雀貝海鮮湯

材料

A 孔雀貝250公克

B 蒜頭25公克、洋蔥25公克

調味料

A 橄欖油30公克、奧利岡香料1公克

B 鹽1公克、橄欖油5公克

作法

1 洋蔥切成1公分大丁。

2 熱鍋，加入橄欖油，炒香蒜頭，再加入洋蔥、奧利岡香料拌炒均勻。

3 放入孔雀貝，倒入2杯水，待煮沸後加入調味料B拌勻即可。

Chef's Tips

◆八里的孔雀貝呈現綠色，而馬祖產的貽貝則是黑色品種；尤其是三角錐狀的品種格外彈牙好吃。

◆新鮮現流孔雀貝或是貽貝，只需鹽調味，湯頭就非常清甜。若是購買的份量一次吃不完，建議放入保鮮袋中以急速冷凍來確保新鮮度。

Chef's Tips

◆若不易購買到北非米，可換成白飯或是義大利麵、野米均可。

◆北非米（couscous）使用時必須先泡溫水讓其吸收水分後再烹煮；也可以運用高湯或是茶來浸泡，又是另一種創意好風味。

【主食】

炭烤雞肉北非米

材料

A 去骨雞腿肉180公克、捲鬚萵苣15公克

B 黃甜椒25公克、紅甜椒2公克、洋蔥25公克、北非米80公克

調味料

A 普羅旺斯香草2公克

B 鹽1公克、橄欖油5公克、黑胡椒粉1公克

作法

1 將紅甜椒、黃甜椒切成0.5公分丁狀；洋蔥切碎；捲鬚萵苣洗淨後瀝除水分，備用。

2 北非米加入2杯溫水泡開；雞腿肉加入普羅旺斯香草醃漬10分鐘，備用。

3 取不沾平底鍋加熱，將雞腿雞皮朝下煎出雞油後，翻面續煎至熟後盛出。

4 接著在原平底鍋中放入洋蔥炒香，接著加入北非米、所有甜椒拌炒均勻，加入調味料B炒勻後盛盤。

5 搭配切片的雞排後，和捲鬚萵苣一起食用即可。

【點心】

牛肉玉米脆餅

材料

A　牛菲力150公克、玉米粒200公克、紫洋蔥50公克

B　脆餅2片、捲鬚萵苣50公克

調味料

A　茵陳蒿1公克、匈牙利紅椒1公克、鹽1公克、中筋麵粉25公克

B　無鹽奶油30公克、鹽0.5公克

作法

1　牛菲力切片，加入調味料A醃漬10分鐘。

2　紫洋蔥切成0.5公分小丁；捲鬚萵苣洗淨後瀝乾水分，備用。

3　取不沾平底鍋加熱，將牛菲力煎熟後盛出。

4　接著原鍋加入紫洋蔥炒香，放入玉米粒拌炒均勻，再加入調味料B炒至奶油完全融化。

5　取脆餅包入適量捲鬚萵苣、玉米粒洋蔥餡、牛肉即可食用。

Chef's Tips

◆包好餡料的脆餅應馬上食用，否則脆餅接觸到蔬菜的水分容易變軟，失去爽脆口感。

◆若不吃牛肉，則可換成雞肉、豬肉或是海鮮皆宜。

◆若無法取得脆餅時，可用墨西哥餅皮或春卷皮包起；而捲鬚萵苣可用任何生菜替代即可。

【飲品】

綠野仙蹤

材料

A　香吉士5粒、冰塊50公克

B　綠薄荷蜜2公克

作法

1　香吉士擠汁備用。

2　在杯中各放25公克冰塊，倒入1/2份量香吉士果汁備用。

3　每杯再慢慢倒入1公克綠薄荷蜜即可。

Chef's Tips

◆綠薄荷蜜是一種調味用的糖漿，也可以使用藍柑橘糖漿或紅石榴糖漿，不僅增添香氣，調製出來的飲品更顯浪漫。

異國風味 情人餐

Chef's Tips

- ◆鯛魚片需先以三沾動作；依序沾乾粉、沾濕粉、沾麵包粉，這樣沾好的麵包粉才不易脫落。
- ◆鯛魚可換成鰻魚，其富含膠質，搭配洋蔥及調好的油醋汁非常好吃。
- ◆油醋汁可以一次多做些，放置於冷藏室冰存備用。

【開胃菜】

巴薩米克鯛魚沙拉

材料

A 鯛魚片200公克、捲鬚萵苣80公克、酥炸粉80公克、麵包粉150公克

B 洋蔥50公克、香菜25公克、蒜頭20公克

調味料

A 巴薩米克醋膏15公克、橄欖油50公克、鹽1公克、糖10公克

B 普羅旺斯香草3公克

作法

1. 將1/2份量的酥炸粉調成濕粉備用。
2. 取1/2份量洋蔥切成細絲；香菜切成1公分長段；捲鬚萵苣洗淨後瀝乾水分，備用。
3. 以易拉轉將蒜頭、剩餘洋蔥一起拉碎後，加入調味料A拌勻即成油醋汁。
4. 鯛魚片加入調味料B醃漬10分鐘。
5. 先將魚片沾上酥炸粉後，接著沾上酥炸濕粉，最後再沾上麵包粉備用。
6. 起鍋，將鯛魚片炸酥，盛盤後搭配洋蔥絲、捲鬚萵苣、香菜，淋上油醋汁即可。

【湯品】

南瓜濃湯

材料

A　南瓜300公克、洋蔥25公克、馬鈴薯200公克

B　吐司條50公克

調味料

A　蒜味抹醬25公克

B　鹽2公克、糖5公克、無鹽奶油30公克、牛奶50公克

C　動物性鮮奶油25公克

作法

1. 南瓜去除皮及籽，切1公分丁狀備用。
2. 洋蔥以易拉轉拉碎；馬鈴薯切1公分丁狀，備用。
3. 吐司抹上蒜味抹醬，放入烤箱，以180℃烤2分鐘至每面呈金黃色後取出。
4. 熱鍋，加入無鹽奶油待融化，加入洋蔥碎炒香，再放入馬鈴薯、南瓜拌炒均勻，加入3杯水熬煮至熟透。
5. 將作法4鍋中材料倒入果汁機打成泥，再次倒回鍋中，加入牛奶熬煮至冒小泡泡。
6. 加入鹽、糖調味，起鍋前加入動物性鮮奶油拌勻，盛盤後搭配吐司條即可。

Chef's Tips

- 南瓜濃湯運用馬鈴薯的澱粉質來掌控稠度，若不夠濃稠時，可適時再增加馬鈴薯的份量，這種方式有別於以往的奶油炒麵粉後，再進行勾縴動作。
- 使用馬鈴薯來調整稠度，可增加濃湯的營養價值，同時也減少熱量的攝取。

Chef's Tips

- ◆牛高湯是以烤過的牛大骨，加入西洋芹、紅蘿蔔、洋蔥及適量月桂葉後與水熬煮約2小時所過濾的高湯。
- ◆若是要做醬汁，則需在熬煮過程中加入以奶油炒過的蕃茄糊一起熬煮，且需經過小火慢煮至濃稠，然後再衍伸變化口味。
- ◆若無晚香筍可用蘆筍、花椰菜或其他喜愛的蔬菜替代。

【主食】

炭烤沙朗牛排

材料

A 沙朗牛排350公克、晚香筍50公克、洋菇50公克

B 蒜頭25公克

調味料

A 迷迭香3公克、鹽2公克、黑胡椒粉2公克

B 無鹽奶油50公克、牛高湯250公克、動物性鮮奶油30公克、鹽1公克

作法

1. 蒜頭以易拉轉拉碎；洋菇切片；晚香筍燙熟，備用。
2. 沙朗牛排加入1/2份量蒜碎、調味料A醃漬10分鐘。
3. 將醃漬好的牛排放入不沾平底鍋中，煎烤至七分熟，再撒上少許黑胡椒粉（份量外），熄火。
4. 不沾平底鍋，加入無鹽奶油待融化，加入剩下的蒜碎、洋菇拌炒。
5. 接著倒入牛高湯熬煮至湯汁濃縮至剩一半，加入鮮奶油及鹽調味即為洋菇醬汁。
6. 牛排盛盤，淋上洋菇醬汁，再以晚香筍裝飾即可。

【點心】
野菇雞肉卷

材料

A　Filo麵皮200公克、洋菇150公克、香菇150公克、培根30公克

B　洋蔥50公克、蒜頭25公克

C　蛋黃1顆

調味料

A　橄欖油30公克、無鹽奶油30公克

B　鹽1公克、巴西里香料1公克、羅勒香料1公克

作法

1　洋菇、香菇切片；洋蔥及蒜頭以易拉轉拉碎；培根切碎，備用。

2　熱鍋，加入橄欖油，炒香蒜頭與洋蔥，加入培根拌炒，待培根香味釋出時，再放入洋菇及香菇炒勻。

3　加入調味料B拌炒至熟透；起鍋前加入無鹽奶油炒勻即為洋菇餡料。

4　以Filo麵皮包入適量洋菇餡料，捲起，在表層均勻塗上蛋黃液，放入烤箱，以180℃烤約3分鐘烤至上色即可。

Chef's Tips

- Filo 麵皮是一種非常薄透的市售麵皮，烘烤或油煎炸後口感清爽酥脆，也常被拿來當作甜點的酥皮使用。
- 若無法取得 Filo 麵皮，也可使用市售酥皮、春卷皮或蛋皮替代，但口感與風味會略有不同。
- 內餡可以依照個人喜好變化，例如：雞肉、牛肉、豬肉、海鮮、素食皆可。

【飲品】
橙香蛋蜜汁

材料

A　柳橙10顆、蛋黃2顆、動物性鮮奶油60公克、冰塊100公克

作法

1　柳橙壓汁備用。

2　將蛋黃、鮮奶油和冰塊放入搖搖杯，蓋上蓋子搖勻，再均分於杯中即可。

Chef's Tips

- 因為蛋黃是生食，所以一定要選購品質良好且無受污染之有機冷藏雞蛋，最好不要選用傳統市場的零售蛋。

異國風味 情人餐

【開胃菜】

德式培根馬鈴薯

材料

A　馬鈴薯250公克、洋蔥50公克、培根30公克、巴西里1公克

B　蘿蔓生菜150公克、紅包心菜50公克、捲鬚萵苣50公克、紅蕃茄40公克、黃蕃茄40公克

調味料

A　酥炸粉100公克

B　義大利油醋100公克、奧利岡香料1公克、黃芥末醬30公克

作法

1　洋蔥以易拉轉拉碎；巴西里切碎；培根切碎拌炒至呈現金黃色，備用。

2　蘿蔓生菜、捲鬚萵苣洗淨撕小塊；紅包心菜切細絲；紅蕃茄、黃蕃茄對切，備用。

3　馬鈴薯帶皮洗淨切成1公分塊狀，加入酥炸粉拌勻，放入160℃油鍋炸至呈金黃色。

4　炸好的馬鈴薯加入洋蔥碎、培根及調味料B拌勻，加入作法2生菜混合拌勻，撒上巴西里碎即可。

Chef's Tips

◆馬鈴薯是帶皮烹調，所以在清洗時務必要把表皮刷洗乾淨。若馬鈴薯發芽則不可以食用。

◆切好的馬鈴薯加入酥炸粉後以少許水分拌勻，以中低溫將馬鈴薯炸熟，再將油溫拉高逼出油脂後即可。

【湯品】

蕃茄牛肉湯

材料

A 牛腩200公克、牛蕃茄50公克

B 蒜苗30公克、西洋芹30公克、洋蔥50公克

調味料

A 無鹽奶油30公克、蕃茄糊25公克

B 紅酒20公克、百里香1公克、鹽2公克

作法

1 牛腩切成1公分丁狀；牛蕃茄去皮後切成0.5公分丁狀，備用。
2 蒜苗、西洋芹、洋蔥切成0.5公分丁狀，備用。
3 熱鍋，加入無鹽奶油待融化，放入牛腩炒香，加入洋蔥、西洋芹、蕃茄糊拌炒。
4 再加入紅酒、百里香、牛蕃茄、蒜苗及4杯水，以小火熬煮30分鐘，最後加入鹽調味即可。

Chef's Tips

◆蕃茄通常在西式料理中，因為光亮表皮不易消化且影響口感，除了沙拉外，幾乎都會去除表皮。

◆蕃茄去皮很簡單，只要將底部用刀輕劃十字後，浸泡於沸水中即可輕易去除，記得要熄火浸泡，免得將蕃茄果肉煮糊了。

◆使用奶油炒食材時，因奶油容易燒焦，所以爐火不宜過大，如果需要大火爆炒卻又怕燒焦，此時不妨添加少許食用油，這樣奶油就不容易燒焦了。

Chef's Tips

- 煮義大利麵時，要等水煮沸後再加入適量鹽，再以旋轉方式放入義大利麵，這樣可以避免義大利麵黏在一起。
- 水中加入鹽可讓煮好的義大利麵更加有味道；另外，麵條在拌炒的過程中還會吸收水分，因此，如果覺得太乾時，也可以適時加入少許煮麵水，讓麵條保持濕潤。

【主食】

海鮮義大利麵

材料

A 白蝦50公克、蛤蜊50公克、黃甜椒30公克、紅甜椒30公克、天使麵150公克

B 洋蔥35公克、蒜頭25公克

調味料

A 無鹽奶油25公克、白酒35公克、橄欖油35公克

B 鹽1公克、糖2公克、動物性鮮奶油35公克

作法

1. 將蒜頭及洋蔥分別以易拉轉拉碎；紅甜椒、黃甜椒分別切絲；蛤蜊吐沙後洗淨，備用。
2. 煮一鍋沸水，加入少許鹽（份量外），放入天使麵煮熟，撈起後拌入少許橄欖油（份量外）防黏。
3. 熱鍋，加入無鹽奶油待融化，炒香蒜頭，加入洋蔥炒勻，再加入白蝦、蛤蜊略炒，再倒入白酒炒勻。
4. 接著放入天使麵及所有甜椒，加入調味料B熬煮，起鍋時淋上橄欖油即可。

【點心】

水果奶油泡芙

材料

A 無鹽奶油120公克、鹽適量、水120cc

B 高筋麵粉120公克、蛋3顆

C 牛奶160cc、低筋麵粉20公克、玉米粉15公克、蛋黃3顆

D 香草夾1/2根、糖15公克

E 芒果50公克、草莓120公克

作法

1. 無鹽奶油、鹽、水放入湯鍋，煮沸後熄火，一次加入高筋麵粉並快速拌至糊化為麵糊。
2. 待麵糊降溫至60℃，以打蛋器邊打邊分次加入全蛋拌勻為全蛋麵糊。
3. 將全蛋麵糊裝入擠花袋，在烤盤上擠上喜愛的形狀，噴上少許水。
4. 再放入烤箱，以190℃烤約15分鐘至泡芙膨脹熟透即為泡芙皮。
5. 取80cc牛奶倒入鍋中，加入調味料D煮沸且糖融化。
6. 取80cc牛奶和低筋麵粉、玉米粉拌勻成麵糊，再倒入作法5中快速攪拌，接著加入蛋黃打勻即為夾餡。
7. 待餡料放涼，裝入擠花袋，再擠入泡芙中，將芒果、草莓切成適當大小裝飾泡芙即可。

Chef's Tips

◆泡芙製作過程當中，注意烤箱必須先以 190℃烤箱預熱再烘烤，受熱才會均勻。

◆將高筋麵粉加入煮沸的奶油水中，需熄火時一次加入，同時也要快速攪拌，這樣麵粉較不易結塊，待麵糊溫度降至60℃後再將全蛋加入，以免變成蛋花。

◆煮好的夾餡麵糊應是濃稠狀，若還是很稀，可以再以隔水加熱方式攪拌至濃稠。

【飲品】

草莓優格

材料

A 草莓100公克、原味優格、薄荷葉適量

作法

1. 將草莓切成0.5公分丁狀，留下30公克草莓裝飾，切丁的草莓加入原味優格中拌勻。
2. 將拌勻的草莓優格倒入杯中，以薄荷、預留的草莓裝飾即可。

Chef's Tips

◆草莓是季節性水果，如果不方便買到，也可以使用其他新鮮水果替代，或是橘片罐頭也非常好吃。

日式風味 情人餐

2 柚子小卷

材料

A 小卷150公克、小黃瓜35公克、辣椒10公克

調味料

A 柚子粉1公克、味霖2公克、鹽0.5公克

作法

1 小黃瓜切絲，加入少許鹽殺青後擠去多餘水分。
2 辣辣切絲；小卷去除內臟後以滾水燙熟，備用。
3 將小黃瓜絲、辣椒絲與調味料A一起拌勻，再塞入小卷肚內即可。

Chef's Tips

◆小卷可以用中卷燙熟後取代，填入小黃瓜後再切圈上盤即可，若大小適宜，也可以直接上桌，不需再切。

◆汆燙時必須將煮沸的水熄火，再放入小卷，以浸泡方式泡熟；若是持續加熱，則會造成外皮的破損，小卷也容易過熟而組織變硬。

【開胃菜】

1 漬燒味噌山藥

材料

A 山藥80公克

調味料

A 味噌25公克、清酒3公克、美乃滋30公克

作法

1 山藥去皮後以模型壓成方形；調味料A拌勻，備用。
2 將拌好的調味料放到山藥上方，放入烤箱，以190℃烤約2分鐘至金黃色即可。

Chef's Tips

◆山藥應先帶皮洗淨後再進行削皮的動作，避免手濕濕的拿著山藥，將容易造成皮膚刺癢。

◆可以準備自己喜歡的模型，壓出創意又有趣的山藥形狀。

3 糖漬洛神花

材料

A 洛神花150公克

調味料

A 鹽1公克、糖60公克

作法

1 洛神花去籽後洗淨，加入鹽靜置1小時，殺青去除水分。
2 加入糖攪拌均勻醃漬，放入玻璃罐密封，再放入冰箱冷藏。
3 待1星期至糖完全融化且入味即可食用。

Chef's Tips

◆可以將洛神花洗淨後曬乾，用來泡茶或是煮酸梅湯。
◆洛神花先以鹽殺青後，再裝入玻璃瓶中以糖蜜漬，其口感較為清脆酸甜。

4 龍蝦沙拉

材料

A 聖女蕃茄30公克、龍蝦沙拉50公克、小黃瓜15公克、巴西里10公克

作法

1 聖女蕃茄洗淨，切除頭尾；小黃瓜切片；巴西里取小葉洗淨擦乾，備用。
2 以小黃瓜片墊底，接著放上聖女蕃茄，填入龍蝦沙拉，以巴西里葉裝飾即可。

Chef's Tips

◆從超市購買的龍蝦沙拉，可分包冷凍，免得使用一次化冰一次，而造成不新鮮。
◆龍蝦沙拉除了搭配生菜，也可當作可樂餅餡料使用。

5 油醋鱈魚

材料

A 鱈魚100公克、蘆筍35公克、蒜頭3公克、洋蔥10公克、辣椒3公克

調味料

A 橄欖油10公克、白酒醋3公克、鹽適量、糖適量
B 普羅旺斯香草1公克

作法

1 蘆筍燙熟備用。
2 使用易拉轉將蒜頭、洋蔥、辣椒拉碎，並與調味料A拌勻成油醋汁。
3 鱈魚加入調味料B醃漬10分鐘，以中小火煎至兩面金黃且熟透後熄火。
4 將鱈魚排入容器，排上蘆筍，淋上油醋汁。

6 芝麻柳葉魚

材料

A 柳葉魚150公克、白芝麻10公克

調味料

A 大紅浙醋35公克、糖15公克、麥芽15公克、蔭油20公克

作法

1 柳葉魚放入180℃油鍋，炸至酥脆金黃色。
2 將所有調味料A及1杯水熬煮，待湯汁濃縮後加入白芝麻拌勻，再淋於柳葉魚即可。

Chef's Tips

◆柳葉魚炸或烤均可，原則上要經過這道手續讓柳葉魚更香後再來蜜漬。
◆醬汁的酸度來自大紅浙醋，甜度則是糖，加入些許麥芽讓味道更加鮮美，因此可視個人口味來斟酌使用量。

【湯品】

茶碗蒸昆布湯

材料

A　蛋1顆、海苔1公克、白蘿蔔50公克

調味料

A　昆布20公克、柴魚20公克、鹽1公克

作法

1　蛋打散，以保鮮膜蓋上，放入蒸籠，以中火蒸10分鐘。

2　白蘿蔔、海苔加入調味料A、500cc水拌勻，以大火蒸20分鐘後盛盤，擺上蒸蛋即可。

Chef's Tips

◆打好的蛋液若是先用細網過濾，能讓口感更加細緻綿密。

◆蒸蛋時必須掌控火候，絕對不可以使用大火，這樣會造成蒸蛋變成蜂窩狀。

◆可愛的眼睛以水煮蛋及海苔裝飾，鼻子以紅蘿蔔，耳朵是以蘆筍裝飾，發揮自己的創意，讓料理更添趣味。

【主食】

創意握壽司

材料

A　白飯350公克

B　鮭魚35公克、蒲燒鰻35公克、旗魚35公克、干貝1顆

調味料

A　壽司醋40公克、芥末醬25公克、醬油適量

作法

1　白飯趁熱加入壽司醋拌勻；所有材料B切片，備用。

2　待飯涼後，將材料B海鮮片各抹上少許芥末醬，包覆在適量壽司飯上。

3　搭配醬油食用即可。

Chef's Tips

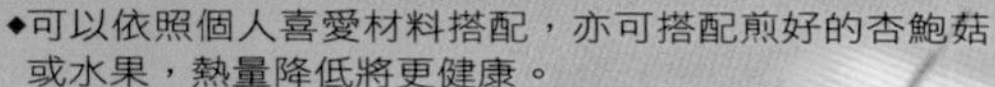

◆握壽司必須注意魚類的新鮮度，一些市售的熟食材也很方便使用，例如：龍蝦沙拉、蟹肉棒等都是很好的選擇。

◆製作時手很容易沾黏米飯，此時可以沾取適量水來避免沾黏。

◆可以依照個人喜愛材料搭配，亦可搭配煎好的杏鮑菇或水果，熱量降低將更健康。

【點心】

麻糬紅豆湯

材料

A 紅豆100公克、麻糬70公克

B 冰糖50公克

作法

1 紅豆洗淨，放入壓力鍋，倒入500cc水。

2 蓋上鍋蓋加熱，待壓力閥上升至第2條線，轉小火續煮15分鐘待壓力閥下降即可。

3 掀蓋，加入冰糖及麻糬再次煮沸即可。

Chef's Tips

◆無論是紅豆、綠豆皆需煮熟後再加入糖調味，可避免豆子不軟狀況。

◆運用壓力鍋熬煮可以節省很多時間，再利用燜煮的原理讓紅豆煮好時能粒粒分明。

◆麻糬煮久容易糊爛，所以在紅豆湯煮好後，入鍋稍微加熱即可，且因為麻糬冰存口感會變硬，所以一旦加入紅豆湯中就要即刻吃完，無法入冰箱保存。

【飲品】

抹香奶茶

材料

A 抹茶粉50公克、紅茶包2包

B 細砂糖10公克、動物性鮮奶油20公克

作法

1 紅茶包各放1包於杯中，各加入1杯熱水。

2 再各加入25公克抹茶粉及5公克細砂糖，浸泡3分鐘後，取出茶包。

3 最後加入鮮奶油拌勻即可。

Chef's Tips

◆抹茶粉直接倒入紅茶中會不容易調勻，所以不妨先用少許熱紅茶將抹茶粉調開後再倒入紅茶中。

◆市面上的鮮奶油分為植物性與動物性兩種，建議使用動物性鮮奶油較健康。

韓國風味 情人餐

1

【開胃菜】

泡菜魷魚絲

材料

A　魷魚絲50公克、韓式泡菜50公克

調味料

A　韓式辣醬5公克

作法

1　將魷魚絲、泡菜混合拌勻。

2　加入韓式辣醬拌勻，醃漬10分鐘即可。

Chef's Tips

◆魷魚絲建議購買味道較不鹹及口味不重為宜，避免加入其他材料後變得更鹹。也可以先將魷魚絲拌入韓式辣醬，食用前再加入泡菜拌勻。

2 蒜味雞絲野菇沙拉

材料

A 雞胸肉50公克、金針菇35公克、杏鮑菇50公克

B 蒜頭15公克、香菜15公克

調味料

A 蔭油5公克、味霖1公克、香油1公克、陳年醋膏3公克

作法

1 蒜頭以易拉轉拉碎後，加入調味料A拌勻備用。
2 雞胸肉煮熟後待涼，再撕成細絲狀。
3 金針菇及杏鮑菇切絲；香菜切成1公分長段，備用。
4 將所有材料拌勻即可。

Chef's Tips

◆雞肉絲可以使用滴完雞精的雞肉來做（見p74），若是雞絲過多，還可以分裝冷凍，食用時再加工即可。

◆處理好的雞絲除了拿來做沙拉外，還可以加入蛋液中煎蛋或是炒菜、蒸蛋均可。

3 醃漬花椰菜

材料

A 花椰菜150公克、紅甜椒35公克

B 紅蔥頭10公克、蒜頭10公克、辣椒5公克

調味料

A 白醋50公克、鹽3公克、糖20公克、薑黃粉2公克

作法

1 花椰菜略燙後立即泡入冰水中冷卻。
2 調味料A和2杯水煮沸後放涼。
3 紅甜椒、辣椒切菱形片狀；紅蔥頭、蒜頭去除頭尾，備用。
4 將燙好的花椰菜及其他材料放入作法2中浸泡，放入冷藏醃2天入味即可。

Chef's Tips

◆花椰菜避免過熟，僅需略燙後滅菌即可起鍋，以免影響口感。

◆燙好的花椰菜避免再碰到生水，因為生水容易讓蔬菜腐敗。

◆酸醋有熟化的功能，因此浸漬過久，會讓花椰菜熟化過度，也更容易腐壞掉。

Chef's Tips

◆人蔘雞要選用小春雞，小春雞肉質較軟嫩，搭配糯米燉煮更能表現出入口即化的滋味。

◆如果高湯中添加新鮮雞精熬煮，湯頭只要少許鹽調味，就非常鮮美了。

【湯品】

養生人蔘雞湯

材料

A　小春雞600公克、糯米25公克、新鮮人蔘1根、紅棗3粒

調味料

A　鹽1公克、米酒35公克

作法

1　小春雞洗淨，塞入糯米、人蔘、紅棗，放入湯鍋。

2　加入米酒、鹽和5杯水，煮沸後轉小火續煮25分鐘即可。

【主食】

韓式拌飯

材料

A　白飯1碗、蛋1顆

B　豆芽菜50公克、青江菜50公克、豆乾絲50公克、梅花肉片150公克

調味料

A　香油5公克、韓式辣醬15公克

作法

1　將蛋煎成荷包蛋；材料B分別炒熟，備用。

2　石鍋加熱，淋上少許玄米油，再倒入白飯，放上炒熟的材料B及荷包蛋。

3　淋上香油及韓式辣醬，食用時拌勻即可。

Chef's Tips

◆韓式拌飯搭配的小菜或是青菜，可依照個人喜愛菜色做調整搭配。

◆石鍋加熱時以小火慢慢加熱，以免石鍋破裂。石鍋保溫聚熱好，將拌好的米飯靜置一會兒，將產生香氣十足的鍋巴。

【點心】

絲瓜煎餅

材料

A　絲瓜150公克、芹菜35公克、韓式泡菜25公克、蛋1顆

調味料

A　低筋麵粉50公克、鹽1公克、白胡椒粉1公克

作法

1　絲瓜切絲；芹菜切成小段，備用。
2　調味料A與蛋一起拌匀，加入絲瓜、芹菜和韓式泡菜拌勻為蔬菜麵糊。
3　將蔬菜麵糊倒入加熱的不沾鍋，煎至兩面呈金黃色即可盛盤。

Chef's Tips

◆麵粉分為高筋、中筋、低筋的差別在於蛋白質含量的多寡，選用低筋麵粉來調製麵糊，可讓絲瓜煎餅更酥脆。

◆拌入蔬菜的麵糊，請立刻煎製完畢，否則蔬菜容易出水導致煎出來的煎餅軟爛。

Chef's Tips

◆香蕉飲品放置過久容易氧化變黑，若無法立刻喝完時，可以加入少許檸檬汁，可防止氧化，亦能增添風味。

【飲品】

香蕉冰淇淋牛奶

材料

A　香蕉2根、牛奶500cc、冰塊100公克、香草冰淇淋2球
B　果糖20公克

作法

1　將香蕉、牛奶、冰塊、果糖放入果汁機攪打至泥狀。
2　倒入杯中，各放上1球香草冰淇淋即可。

中式風味 情人餐

1

【開胃菜】

蒜味杏鮑菇

Chef's Tips

◆若沒有易拉轉，蒜頭也可以刀切碎。

◆杏鮑菇絲可以運用看電視時間撕成一絲一絲，用手撕跟刀切絲的口感不同，撕的咀嚼感較佳。

◆燙好的菇類需待涼，切勿沖冷水，因為燙好後若沖冷水即將菇類的營養精華都沖淡了。待涼後再做調理，且可以一次做三天份，避免餐餐調理時間。

材料

A 杏鮑菇200公克、金針菇50公克、紅蘿蔔50公克、黑木耳35公克

B 香菜20公克、蒜頭20公克

調味料

A 香油20公克、蔭油25公克、味霖15公克、陳年醋膏20公克

作法

1 杏鮑菇、金針菇撕成絲狀；紅蘿蔔、黑木耳切成絲；蒜頭以易拉轉拉碎，備用。

2 將杏鮑菇、金針菇、紅蘿蔔、黑木耳放入沸水燙熟，撈起後放入調理盆。

3 加入蒜碎、香菜和調味料A拌勻即可。

2

桑椹山藥

材料

A　山藥150公克

調味料

A　桑椹粒50公克、優格50公克

作法

1　山藥去皮，切成約0.8公分條狀後盛盤。
2　桑椹粒以易拉轉拉成泥狀，和優格一起拌勻後淋於山藥條即可。

Chef's Tips

◆利用桑椹產季將洗好的桑椹晾乾，再裝入玻璃瓶，倒入糖後放入冰箱冷藏冰存一星期即為自製桑椹果醬，可以選擇醃漬或是糖煮法製作。

◆做好的桑椹果醬以果汁機打成泥，加入優格拌勻；可以當作沙拉醬或是水果沾醬，醬汁可以一次調一星期份量，省時又快速。

3

話梅彩椒

材料

A　紅甜椒50公克、黃甜椒50公克

調味料

A　鹽2公克
B　糙米醋50公克、味霖50公克、話梅5粒

作法

1　將紅甜椒、黃甜椒切菱形片，以鹽殺青逼出水分。
2　甜椒擠乾水分後放入調理盆，加入調味料B拌勻，醃漬2小時入味即可。

Chef's Tips

◆甜椒除了可以生吃外，殺青醃漬後冰存在冷藏庫中，可以放上一個月，只要製作過程中殺青完全即可。

◆利用無水分的乾淨筷子夾取，可避免水分滴入而影響保存時間。

【湯品】

活力雞精

材料

A　土雞1隻

作法

1　土雞洗淨，將全雞骨頭拍扁，再放入漏網內鍋備用。

2　取壓力鍋，倒入4杯水，放入空鍋，再放入作法1全雞。

3　蓋上鍋蓋加熱，待壓力閥上升至第2條線，轉小火續煮1小時待壓力閥下降即可。

Chef's Tips

◆土雞肉不需調味即充滿香氣。

◆利用壓力鍋滴取得的雞精營養且健康，有別於一般市面上罐裝的雞精，對於坐月子、成長中的孩童、年長的長輩都非常需要。

◆可以一次大量製作，冷卻後分裝冷凍，食用時加熱即可，或是料理時當作調味亦可。

【主食】

南瓜焗烤飯

材料

A　南瓜150公克、培根50公克、紅蘿蔔50公克

B　白米2杯、青豆仁50公克、披薩起司絲50公克、起司粉35公克

調味料

A　鹽1公克、白胡椒粉1公克

作法

1　南瓜去籽及皮後，切成0.5公分小丁；培根切碎；紅蘿蔔以易拉轉拉碎，備用。

2　以休閒鍋炒香培根碎，加入紅蘿蔔碎拌炒均勻，加入白米、南瓜、青豆仁。

3　再加入鹽、白胡椒粉及2杯水，撒上披薩起司絲、起司粉，蓋上鍋蓋，開火加熱至冒煙，轉小火計時8分鐘後移至外鍋再燜15分鐘即可。

Chef's Tips

◆南瓜烤飯可以搭配喜愛的海鮮或是肉類，南瓜皮如果礙於口感關係，可以去除，但相對也去除營養。

◆南瓜飯可使用烤箱烘烤，以 190℃ 烘烤 5 分鐘至起司絲融化即可。

【點心】

水果枸杞發糕

材料

A 發糕粉250公克

B 水果蜜餞150公克、枸杞子25公克

作法

1 將發糕粉加入2杯水調勻，加入水果蜜餞、枸杞子拌勻。

2 再倒入碗中，放入底層水煮沸的蒸籠中，以大火蒸20分鐘即可。

Chef's Tips

◆可以將水換成豆漿或牛奶調製，讓發糕更美味濃郁。

◆亦可加入喜愛的堅果或蜜好的蘋果變化創意口味。

【飲品】

胚芽奶茶

材料

A 紅茶包3包、牛奶50公克、動物性鮮奶油35公克、胚芽粉35公克

B 果糖35公克

作法

1 紅茶包以200cc沸水浸泡7分鐘，取出茶包待涼。

2 取雪克杯加入紅茶、果糖、牛奶、鮮奶油、胚芽粉及冰塊，蓋上蓋子搖均勻即可倒入杯中。

Chef's Tips

◆選擇一次性茶包較好收藏，比例又固定。

◆可以選擇單品或搭配檸檬就變檸檬紅茶，搭配牛奶即為奶茶。可以紅茶當基底，變化不同風味茶品，冷熱皆宜。

蛋奶素食風味 情人餐

Chef's Tips

◆納豆製作程序繁瑣，因此可至生鮮超市購買現成的納豆使用。

◆納豆常有股發酵味，食用時可加點蔥花、醬油等，來拌飯、麵或是搭配海苔蔬菜都非常營養健康。

Chef's Tips

◆開胃小菜醃漬一次就可以吃很久，所以製作時不妨多做些，可免除天天製作的困擾。

◆南瓜通常都吃熟食，利用殺青方式保留爽脆口感，佐以水果醋醃漬，別有一番風味。

Chef's Tips

◆草莓搭配水果風味起司，略帶堅果香，特別爽口。

◆草莓是季節性水果，如果沒有草莓，也可以餅乾、麵包、吐司取代。

◆起司球可一次準備多一點，冷凍或冷藏保存均可。

Chef's Tips

◆若無工具易拉轉，也可使用果汁機將紫蘇梅果肉與果汁打成果泥。

◆使用梅肉與梅汁所調出的醬汁，讓人格外開胃，食慾大增，是夏天很棒的選擇。

3 4
2
1

【開胃菜】

1 梅汁山藥絲

材料

A 山藥150公克、紫蘇葉1片

調味料

A 紫蘇梅25公克

作法

1. 山藥絞成絲狀，以筷子捲成球狀。
2. 紫蘇梅汁加入紫蘇梅肉，以易拉轉拉成果泥備用。
3. 將山藥卷放在紫蘇葉上，淋上紫蘇梅醬即可食用。

2 草莓起司球

材料

A 草莓2粒、奶油起司50公克、烤熟杏仁角25公克

調味料

A 蜂蜜3公克、鳳梨醬10公克

作法

1. 奶油起司與蜂蜜、鳳梨醬拌勻。
2. 搓成1公分圓球狀後，沾上烤熟的杏仁角，再壓成扁狀。
3. 每粒草莓對切成2半，分別夾入1粒起司球即可食用。

3 納豆小黃瓜

材料

A 納豆50公克、小黃瓜50公克

調味料

A 蔭油2公克、味霖2公克

作法

1. 小黃瓜切半後去除籽。
2. 納豆加入調味料A充分拌勻。
3. 將納豆放入小黃瓜內即可。

4 醃漬南瓜丁

材料

A 南瓜150公克

調味料

A 話梅4粒、水果醋30公克、鹽1公克

作法

1. 將南瓜去除皮及籽後，切丁狀。
2. 接著撒上鹽逼出水分殺青。
3. 加入話梅、水果醋拌勻，醃漬2小時即可。

【湯品】

猴頭菇竹笙湯

材料

A　猴頭菇150公克、冬瓜30公克、香菇梗30公克

B　薑10公克、香菜15公克

調味料

A　白胡椒粉0.3公克、鹽 1公克

作法

1　冬瓜、猴頭菇分別切成2公分塊狀；薑切片；香菜切段，備用。

2　將猴頭菇、冬瓜、香菇梗、薑放入鍋中，加入調味料A及3杯水熬煮。

3　待煮沸後轉小火煮8分鐘，關火，撒上香菜即可。

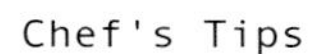

Chef's Tips

◆閒暇時不妨自製高湯分裝放冷凍保存，想做湯類料理時，就有現成的美味高湯可以使用。

◆使用自製高湯可以讓湯頭更加美味，也可減少熬煮時間。

◆使用各種不同的食材元素，例如：香菇、栗子、芋頭、高麗菜、大白菜、結頭菜等各式蔬菜搭配，就能讓湯品擁有千變萬化的好滋味。

【主食】

松子五穀雜糧飯

材料

A　豆包50公克、青江菜50公克

B　白米1/2杯、五穀雜糧1/2杯、松子50公克

調味料

A　鹽2公克、白胡椒粉1公克

B　香油1公克

作法

1　豆包切丁；青江菜以少許鹽殺青後絞碎；白米洗淨，備用。

2　取休閒鍋，炒香松子後撈起，接著加入白米、五穀雜糧、豆包拌炒。

3　加入1杯水與調味料A，蓋上鍋蓋加熱，待冒煙後轉小火計時8分鐘，再移至外鍋續燜15分鐘。

4　最後加入青江菜及香油即可。

Chef's Tips

◆煮好的米飯加入殺青切碎的青江菜，可增添爽脆口感。

◆也可以選用其他蔬菜替代，例如：較不易熟透的高麗菜，則適合於蓋上鍋蓋煮米飯時即加入。

◆容易熟透或想保留青翠綠色的蔬菜，則建議在米飯熟透後再放入，並利用鍋氣熱度來拌熟。

Chef's Tips

◆不論是選擇白木耳或是黑木耳都是一樣的作法。

◆礙於蓮子比較快熟，所以必須先將白木耳煮軟後，再加入蓮子續煮至軟熟。

◆若無壓力鍋，則可使用一般湯鍋烹煮 60 分鐘。

◆每個廠家的壓力鍋操作略有不同，請視說明書使用及預估時間操作。

【點心】

冰糖養心木耳湯

材料

A 白木耳150公克、去籽紅棗30公克、蓮子35公克

B 冰糖35公克

作法

1 白木耳以易拉轉拉碎備用。

2 取壓力鍋，加入1000cc的水及白木耳，蓋上鍋蓋加熱，待壓力閥上升至第2條線，轉小火續煮40分鐘待壓力閥下降。

3 掀蓋，加入蓮子、紅棗，再煮5分鐘，最後加入冰糖拌勻即可。

【飲品】

冰淇淋黑麥汁

材料

A 黑麥汁700公克、香草冰淇淋2球、冰塊100公克

作法

1 將兩高腳杯杯中各放入50公克冰塊，倒入350公克黑麥汁

2 各放上1球冰淇淋即可。

Chef's Tips

◆黑麥汁富含維生素 B 群及膳食纖維質，目前在各大超市均能購買到。

◆冰淇淋、黑麥汁可以其他口味冰淇淋與氣泡飲料取代。

Part 4

凝聚全家情感的一桌菜

別小看餐桌的神奇力量，一家人團聚圍在餐桌享用餐點，一起分享生活、學習心得。就讓這些健康營養的餐點凝聚全家人的情感。

異國風味全家餐

【主食】

牛肝菌雞肉燉飯

Chef's Tips

◆這單元的食譜份量為3至4人份。

◆牛肝菌可至進口超市購得，亦可換成喜愛的菇類，例如：香菇、洋菇、美白菇。

◆燉飯的水如果喜愛奶味較重者，可以換成牛奶取代，亦可一半水一半牛奶來烹調。

材料

A 白米2杯、雞腿肉塊150公克、牛肝菌菇25公克

B 洋蔥30公克、紅蘿蔔30公克、蒜頭15公克

調味料

A 鹽1公克、白胡椒粉0.5公克

B 松露油15公克

作法

1 洋蔥、紅蘿蔔、蒜頭分別以易拉轉拉碎；牛肝菌泡入適量水，備用。

2 取休閒鍋，將雞皮朝下煎至油脂釋放出來，再翻面煎至熟透且金黃。

3 加入蒜頭、洋蔥炒香，再加入牛肝菌菇、白米和調味料A拌炒均勻。

4 加入1.5杯水及牛肝菌水，淋上松露油，蓋上鍋蓋加熱，待冒煙轉小火計時8分鐘，熄火後移至外鍋續燜15分鐘即可。

【配菜】

1 焗烤野菇蘆筍

材料

A 蘆筍50公克、玉米筍50公克、紅甜椒25公克、洋菇150公克

B 披薩起司絲50公克

調味料

A 牛奶50公克、動物性鮮奶油20公克、麵糊250公克

B 鹽1公克、糖2公克

作法

1 蘆筍、玉米筍、紅甜椒切成3公分長段；洋菇切1公分丁狀。

2 將切好的材料A燙熟，撈起瀝乾水分備用。

3 牛奶、鮮奶油和1杯水倒入湯鍋，加入調味料B煮沸，加入麵糊快速攪拌勾縴即可熄火。

4 將燙好的蔬菜混合後盛入烤皿，撒上起司絲，再放入烤箱，以190℃烤8分鐘至金黃且起司絲融化即可。

Chef's Tips

◆勾縴麵糊製作方式為，熱鍋後放入 50 公克無鹽奶油待融化，加入 150 公克中筋麵粉快速拌勻，待涼後加入 200 cc水，以果汁機攪打均勻即可。

◆麵糊濃稠度，是以麵糊多寡來決定，避免一次麵糊水調製過多，可依濃稠度分次加入湯鍋中。

2 橄欖油漬蕃茄

材料

A 黃蕃茄150公克、紅蕃茄150公克、小黃瓜150公克、蒜頭35公克、黑橄欖25公克

調味料

A 橄欖油50公克、鹽1公克、黑胡椒粉1公克、月桂葉2片、迷迭香2公克

B 橄欖油少許

作法

1 所有蕃茄洗淨後濾乾；小黃瓜切滾刀塊；蒜頭切片，備用。

2 黑橄欖加入調味料A、蒜片拌勻醃漬1天備用。

3 取平底鍋，加入調味料B熱鍋，放入所有蕃茄炒香，待涼。

4 再加入黑橄欖、小黃瓜拌勻即可。

Chef's Tips

◆蒜頭切片後放入橄欖油中浸泡 1 至 3 天，待蒜味香氣散發後再烹調較佳。

◆橄欖油可換成多種香草浸泡的橄欖油，浸泡好後可以搭配義大利麵或蔬菜拌炒。

【湯品】

海鮮巧達濃湯

材料

A 蝦仁50公克、鮭魚肉50公克

B 高麗菜150公克、紅蘿蔔25公克、馬鈴薯150公克、洋蔥50公克、蒜頭25公克

調味料

A 牛奶100公克

B 鹽1公克、糖2公克、麵糊150公克、動物性鮮奶油25公克

作法

1. 洋蔥切成0.3公分丁狀；高麗菜、紅蘿蔔、馬鈴薯切成0.5公分丁狀；蒜頭以易拉轉拉碎，備用。
2. 起鍋，炒香蒜頭，加入洋蔥、紅蘿蔔、馬鈴薯拌炒均勻，加入牛奶及4杯水煮沸，轉中火煮10分鐘。
3. 加入蝦仁、鮭魚肉，再加入鹽、糖調味，加入麵糊快速攪拌勾縴；起鍋前加入鮮奶油拌勻即可。

Chef's Tips

◆麵糊作法可見 p87。

◆海鮮料可依照個人喜愛搭配。

◆鮮奶油必須在熄火前再加入，過早加入則鮮奶油會使蛋白質分離而造成有結塊現象。

【點心】

蘋果塔

材料

A 蘋果120公克、蛋1顆、中筋麵粉130公克、蔓越莓乾35公克

B 無鹽奶油60公克、糖粉50公克、肉桂粉少許

作法

1. 蘋果去皮及籽，切成0.3公分片狀；加入5公克奶油、蔓越莓乾、2公克糖粉和肉桂粉煮2分鐘備用。
2. 中筋麵粉加入55公克奶油、剩餘糖粉拌勻，再加入蛋拌勻成糰。
3. 將麵糰桿成厚度0.5公分麵皮，壓出直徑約5公分圓片，再壓入烤模中，排上蘋果片及葡萄乾。
4. 放入烤箱，以190℃烤20分鐘待熟且呈金黃即可取出。

Chef's Tips

◆中筋麵粉加入奶油僅需用雙手拌勻，利用手的溫度即能將固態的奶油融化拌勻，且切忌將奶油加熱融化再進行攪拌。

◆烤好的蘋果派待涼後再做脫模，因為待涼後的蘋果塔才會變脆；否則熱熱時塔皮會軟化散掉。

異國風味全家餐

【主食】

茄汁海鮮麵疙瘩

Chef's Tips

◆麵疙瘩的麵糊可以加入菠菜汁、紅蘿蔔汁做天然顏色的麵糰。

◆海鮮可以肉類替代，或是加入蔬菜拌炒呈現不同風味。

材料

A 高筋麵粉180公克、蛋1顆、洋蔥50公克、培根25公克

B 蝦仁150公克、扇貝50公克、甜豆50公克

調味料

A 蕃茄粒罐頭50公克

B 荳蔻粉1公克、鹽1公克、牛奶50公克、白胡椒粉1公克

作法

1 高筋麵粉加入調味料B、蛋和1/2杯水調勻為麵糰。

2 將麵糰分割成小塊，放入沸水中煮熟，撈起瀝乾水分即為麵疙瘩。

3 洋蔥以易拉轉拉碎；培根切碎，備用。

4 起鍋，炒香培根，加入洋蔥拌炒，再加入材料B、麵疙瘩、蕃茄粒拌炒均勻且熟即可盛盤。

【配菜】

1 凱薩沙拉

材料

A 蘿蔓生菜250公克、蛋黃1顆、蒜頭15公克、培根50公克、麵包條50公克

調味料

A 蒜味抹醬35公克、黃芥末醬15公克

B 檸檬汁25公克、鹽1公克、橄欖油50公克、糖5公克

作法

1 培根切碎，平底鍋炒至金黃色後取出。

2 麵包條抹上蒜味抹醬，放入烤箱，以180℃烤至金黃色。

3 蒜頭以易拉轉拉碎，加入蛋黃、調味料B拌勻，再加入黃芥末醬拌勻為醬汁。

4 蘿蔓生菜排入盤中，淋上醬汁，搭配培根碎及麵包條即可食用。

Chef's Tips

◆凱薩沙拉是一道經典沙拉，蒜味和麵包丁為必需食材。非常喜愛凱薩沙拉，記得有一次下架後換菜色，老闆沒吃到，我還被老闆大罵一頓。

◆凱薩沙拉作法很多種，有些會以橄欖油現拌，有些是先將醬汁做好，需要時再現拌。無論是現調現拌或是現做現拌，記得蒜味需足才夠味。

2 酥炸雞柳佐塔塔醬

材料

A 雞柳250公克、洋蔥50公克、酸黃瓜35公克、蛋2顆

調味料

A 辣椒水5公克、洋香菜碎1公克、美乃滋50公克

B 普羅旺斯香草5公克、麵包粉50公克

作法

1 蛋和適量水放入湯鍋，以中火煮約12分鐘，剝除蛋殼後待涼為水煮蛋。

2 將洋蔥、酸黃瓜、水煮蛋以易拉轉拉碎，加入調味料A拌勻即為塔塔醬。

3 雞柳加入普羅旺斯香草醃漬5分鐘，沾裹一層蛋液，再沾上一層麵包粉備用。

4 將裹粉的雞柳放入170℃油鍋，炸至兩面金黃後撈起盛盤，搭配塔塔醬即可。

Chef's Tips

◆塔塔醬可以一次調製多些後冷藏，搭配炸物，或是當作沙拉醬、麵包抹醬、漢堡醬汁。

◆醃好的雞柳條，可以一次醃多量，依照份量冷凍，可免除每次備置時間

【湯品】

焗烤洋蔥湯

材料

A　洋蔥150公克、法國土司50公克、披薩起司絲25公克

調味料

A　無鹽奶油30公克、鹽1公克、洋香菜碎1公克、高湯350公克

作法

1　洋蔥切絲備用。
2　平底鍋加入奶油，放入洋蔥絲拌炒至焦黃，再加入高湯煮沸，放入鹽、洋香菜碎調味後盛入烤皿。
3　再放入法國土司、起司絲，再放入烤箱，以190℃烤約2分鐘至起司絲呈金黃即可。

Chef's Tips

◆洋蔥湯的洋蔥絲必須慢慢煸炒至洋蔥焦黃後再做成湯，湯頭才會香，全程煸炒過程需以中小火慢炒，火候過大會焦化產生苦味。

【點心】

法式燒烤布丁

材料

A 全蛋2顆、蛋黃2顆、細砂糖35公克、香草籽0.5公克、牛奶1/2杯

作法

1 取5公克細砂糖、10cc水熬煮至呈淺褐色即為焦糖，立即倒入烤皿備用。

2 全蛋、蛋黃、剩餘細砂糖、香草籽及1.5杯牛奶拌勻後過濾即為布丁液，再倒入作法1烤皿中。

3 再放入烤盤，採隔水加熱方式，以190℃烤約15分鐘至熟即可取出食用。

Chef's Tips

◆牛奶可以換成豆漿或是水，但選擇牛奶時可以加入適量奶油，奶香會更濃郁。

◆焦糖必須煮至淺褐色，過深會變苦。

Fire starts when your attention stops.
FIRE KILLS

美墨風味全家餐

Chef's Tips

◆蔬菜條先以冰水浸泡後會變脆。

◆可以選購當季水果做醬汁，依照保鮮時間來決定製作量冰存。

1
2 4
3

Chef's Tips

◆油醋汁最佳比例為 3：1，橄欖油 3 ：醋 1，可以一次調多些冷藏。

◆橄欖油冰存後會產生結晶正常現象，只要置於室溫就可以還原了，食用冷壓橄欖油除富含橄欖多酚外，又將身體上不好的膽固醇帶走。

【配菜】

1 椒鹽薯條

材料

A 馬鈴薯200公克

調味料

A 香辣椒鹽粉5公克

作法

1 馬鈴薯帶皮洗淨後切成0.5公分長條；加入酥炸粉拌勻。
2 放入170℃油鍋，炸至金黃後撈起瀝乾油分。
3 盛盤，撒上香辣椒鹽粉即可。

Chef's Tips

◆切好的馬鈴薯必須泡水，避免薯條氧化後而變成黃褐色。要料理時，必須濾乾或以擦手紙擦乾，避免產生油爆情形。

2 酥炸洋蔥圈

材料

A 洋蔥150公克

調味料

A 酥炸粉150公克、水適量
B 香辣椒鹽粉5公克

作法

1 洋蔥切成0.5公分厚度；酥炸粉拌水調成糊狀備用。
2 將洋蔥裹上一層麵糊，放入170℃油鍋中炸至金黃即可撈起瀝乾油分。
3 盛盤，撒上香辣椒鹽粉即可。

Chef's Tips

◆需將洋蔥濾乾水分，才能放入油鍋，可避免產生油爆。

3 田園生菜沙拉

材料

A 芒果50公克、蘋果50公克、草莓50公克、綜合萵苣250公克
B 洋蔥25公克、蒜頭15公克

調味料

A 鹽1公克、糖5公克、橄欖油50公克、陳年醋膏15公克

作法

1 芒果切成1公分條狀；蘋果去籽後切成8等份；草莓切半，備用。
2 材料B以易拉轉拉碎，加入調味料A拌勻。
3 綜合萵苣洗淨後瀝乾水，盛盤，擺上芒果、蘋果、草莓，淋上油醋汁即可。

4 蔬菜條佐芒果優格

材料

A 紅蘿蔔50公克、西洋芹50公克、小黃瓜50公克、愛文芒果150公克

調味料

A 原味優格150公克

作法

1 紅蘿蔔、西洋芹分別切成0.5公分長條；小黃瓜切半後去籽，再切成0.5公分長條，備用。
2 愛文芒果切丁，和原味優格一起放入果汁機打成泥。
3 將蔬菜條以冰水浸泡5鐘，取出後盛盤，佐芒果優格醬即可。

Chef's Tips

- ◆將調味好的蔬菜填入雞肚子中，可以讓烤好的全雞更加香甜外，又有一道配菜功能。
- ◆肚子中可以塞入泡過 4 小時的白米，炒過後填入雞肚中，就多了一道主食的米飯。
- ◆調味料可依照個人喜愛的口味變化。

【主食】

墨西哥辣味烤雞

材料

A 全雞1隻（600公克）

B 洋蔥50公克、紅蘿蔔35公克、馬鈴薯50公克、蒜頭25公克、西洋芹50公克

調味料

A 匈牙利紅椒粉1公克、鹽1公克

B 墨西哥蕃椒粉25公克

作法

1. 將材料B分別切成1公分小丁，加入調味料A拌勻。
2. 在全雞表面塗抹一層墨西哥蕃椒粉，再將調味過的蔬菜塞入全雞肚子中。
3. 放入烤箱，以190℃烤約20分鐘至熟透且金黃即可。

【湯品】

紅酒羊膝骨湯

材料

A　羊膝骨350公克、蒜頭50公克

B　洋蔥50公克、紅蘿蔔50公克、牛蕃茄150公克

調味料

A　月桂葉2片、百里香1公克、鹽1公克、白胡椒粉1公克、紅酒150 cc

作法

1　羊膝骨放入烤箱，以190℃烤約15～20分鐘至金黃後取出。

2　材料B切成4公分大塊狀。

3　起鍋，炒香洋蔥，再加入紅蘿蔔、蒜頭、牛蕃茄及羊膝骨。

4　加入調味料A、1000cc水熬煮3小時，待羊膝骨熟透即可。

Chef's Tips

◆羊肉可以換成豬肉或牛肉。羊肉搭配百里香可以將羊騷味降低；搭配蔬菜丁能讓湯頭更加清甜。

◆長時間燉煮的羊膝骨，可以運用壓力鍋，大約 28 分鐘即可烹調完成。

【點心】

葡萄柚果凍

材料

A　葡萄柚250公克

B　蜂蜜25公克、蒟蒻粉5公克

作法

1　葡萄柚切半，挖出果肉後榨成葡萄柚汁；葡萄柚皮及纖維去除乾淨，備用。

2　葡萄柚汁和材料B煮沸，再倒入葡萄柚皮中。

3　放入冰箱冰鎮至凝固，取出切片即可。

日式風味全家餐

【主食】

火鍋肉片壽喜燒

Chef's Tips

- 壽喜燒味道偏甜，原則上食用時可以選擇蛋黃當作沾醬，食用時會更加濃郁香濃。
- 食用過程可以搭配酒精爐加熱，相對加熱過程中水分會蒸發掉，所以要適時加入白開水，以免過鹹。

材料

A 火鍋梅花肉片350公克、金針菇250公克、洋蔥50公克、蔥50公克

B 高麗菜150公克、蛋1顆

調味料

A 壽喜燒醬50公克、味霖30公克、清酒30公克

作法

1 金針菇切半；洋蔥切絲；高麗菜撥片；蔥切成3公分長段，備用。

2 每片火鍋梅花肉片包入適量金針菇絲，捲起備用。

3 起鍋，放入洋蔥拌炒，加入捲好的肉片，加入調味料A及2杯水熬煮。

5 再放入高麗菜、蛋，以小火熬煮5分鐘，起鍋前加入蔥段即可食用。

【配菜】

1 柴魚蜜香魚

材料

A　香魚350公克、甘蔗120公克、柴魚片50公克

B　蒜頭25公克、薑片25公克

調味料

A　清酒50公克公克、味霖20公克、醬油50公克

作法

1　香魚放入烤箱，以180℃烤約8分鐘烤至兩面金黃備用。

2　取300cc的水煮沸後熄火，放入柴魚浸泡2小時後過濾取汁。

3　將烤好的香魚放入壓力鍋內，加入甘蔗、柴魚汁、材料B、調味料A，蓋上鍋蓋加熱。

4　待壓力閥上升至第2條線，轉小火續煮30分鐘待壓力閥下降即可食用。

Chef's Tips

◆煨滷中選擇甘蔗，除了避免香魚黏鍋，還能讓湯頭更加鮮美，而且保有自然的甜味。

◆柴魚烹調時間不宜過長，僅能選擇熄火後浸泡數分鐘，可以避免煮出苦味的柴魚湯底。

2 和風珍珠秋葵

材料

A　秋葵350公克、珍珠菇50公克、白果50公克

調味料

A　昆布50公克、柴魚片150公克

B　味霖30公克、醬油30公克

Chef's Tips

◆可以將昆布、味霖、醬油熬煮好的湯汁，當作日式涼麵醬汁或是小菜醬汁。

◆這道菜可以一次做大量再冰存於冰箱，是夏天的開胃清爽佳餚。

作法

1　秋葵燙熟後立刻放入冰水冰鎮，撈起瀝乾水分備用。

2　昆布和300cc水、調味料B放入湯鍋，以小火熬煮15分鐘，熄火，再放入柴魚片浸泡10分鐘後過濾取汁。

4　將柴魚汁、珍珠菇、白果再次煮沸後待涼，盛盤，淋上作法2醬汁即可。

Chef's Tips

◆可利用市售靈芝菇較為大朵厚實，亦可選擇A級切片的杏鮑菇，也有相同的口感。

◆筍片也可與紅蘿蔔片、香菇片、火腿片穿插排入盤中作盤飾。

【湯品】

杏鮑菇魚翅羹

材料

A 杏鮑菇150公克、絞肉250公克、馬蹄25公克、魚翅150公克

B 香菇1朵、香菜5公克

調味料

A 高湯350公克、鹽1公克、白胡椒粉1公克

作法

1 杏鮑菇切片；馬蹄以易拉轉拉碎，備用。

2 絞肉和馬蹄、鹽、白胡椒粉拌勻為肉餡，整成圓形。

3 再以杏鮑菇包覆，放入已鋪香菇的容器中，再放入蒸籠，以中火蒸25分鐘後取出。

4 將高湯倒入容器，放入魚翅，以中火蒸20分鐘，再淋入作法3中，以香菜裝飾即可。

【點心】

水果大福

材料

A 奇異果50公克、芒果50公克、草莓50公克、蛋糕邊150公克、雪梅娘皮150公克

調味料

A 動物性鮮奶油50公克、細砂糖2公克

作法

1 奇異果、芒果分別切丁。
2 鮮奶油、細砂糖放入鋼盆，以打蛋器打發。
3 每片雪梅娘皮，包入適量蛋糕邊、適量水果丁即可。

Chef's Tips

◆大福內容物，可以包入喜愛的水果，選擇當季新鮮水果丁，搭配麵包店賣的NG蛋糕邊，便宜又好吃。

◆蛋糕邊包在雪梅娘皮中，凌碎的蛋糕不會影響原本的大福口感。

東南亞風味全家餐

【主食】

泰式炭烤雞排

Chef's Tips

◆雞排可以魚排、肉排替代，泰式風味雞排非常適合於燥熱的夏天食用。

◆可以同時醃漬多片雞排再冷凍，在烹煮前一天移至冷藏室退冰，千萬別放入水中退冰，若塑膠袋有破洞，則會造成水分滲入而影響味道。

材料

A　雞排250公克、蒜頭30公克、辣椒15公克、香菜15公克

調味料

A　泰式香茅粉1公克

B　魚露5公克、檸檬汁25公克、糖20公克

作法

1　雞排加入泰式香茅粉醃漬5分鐘。

2　蒜頭、辣椒、香菜以易拉轉拉碎，加入調味料B拌勻為醬汁備用。

3　取平底鍋，將雞排雞皮朝下煎至金黃，翻面續煎至熟透，盛盤，淋上醬汁即可。

【配菜】

1 越式蔬菜春卷

材料

A 越式春卷皮150公克、米粉50公克、豆芽菜50公克、芹菜50公克

B 豆乾50公克、蒜頭25公克、辣椒25公克、香菜25公克、萵苣絲50公克

調味料

A 檸檬汁50公克、糖50公克、魚露20公克

B 蠔油20公克、糖15公克

作法

1. 米粉泡水後燙熟，撈起後剪小段；豆芽菜、芹菜燙熟後撈起，備用。
2. 豆乾切片；越式春卷皮以60℃溫水泡軟，備用。
3. 蒜頭、辣椒以易拉轉拉碎，加入調味料A拌勻。
4. 起鍋，加入蒜頭、辣椒爆香，放入豆乾乾煸，加入調味料B炒香後盛起備用。
5. 取越式春卷皮，包入適量萵苣絲、米粉、豆芽菜、芹菜、豆乾和香菜，捲起後切3公分長段，盛盤後淋上醬汁。

Chef's Tips

◆越式春卷皮使用前先以 45℃ 溫水浸泡，軟化後再來包，忌包一片、泡一片，泡多片時會因為吸水過多而造成破裂。

◆切好的青木瓜先以清水洗滌，將澀味苦味去除後再涼拌。

◆泰國當地人吃法有別於臺灣人吃法，用了大量新鮮蟹、蝦搗碎後，再加入配料、青木瓜，完全是以搗的方式料理，甚至青木瓜也是切好直接搗，所以味道上跟以上作法是不同的。

2 青木瓜魚酥沙拉

材料

A 鯛魚片250公克、青木瓜250公克、紅蘿蔔25公克、小蕃茄30公克

B 冬蝦25公克、蒜頭25公克、香菜梗20公克、辣椒25公克

C 蒜味花生50公克

調味料

A 香辣椒鹽粉5公克、地瓜粉150公克

B 檸檬汁50公克、糖50公克、魚露20公克

作法

1. 鯛魚片切成5公分片狀，加入香辣椒鹽粉拌勻，再沾上地瓜粉，放入170℃油鍋炸至金黃色後撈起。
2. 青木瓜、紅蘿蔔切絲；小蕃茄切成4等份，備用。
3. 材料B以易拉轉拉碎；調味料B拌勻為醬汁，備用。
4. 青木瓜絲和紅蘿蔔絲混合，加入小蕃茄，再淋上醬汁拌勻，放上鯛魚片及蒜味花生即可。

【湯品】

海鮮酸辣湯

材料

A　中卷50公克、孔雀貝150公克、草菇50公克

B　蒜頭25公克、牛蕃茄50公克、檸檬葉3片、香茅20公克

調味料

A　泰式酸辣醬30公克、糖10公克、魚露5公克

作法

1　蒜頭切片；牛蕃茄切成6等份；中卷切段，備用。

2　起鍋，炒香蒜頭，加入檸檬葉、香茅和4杯水，放入調味料A、草菇、牛蕃茄煮沸。

3　加入中卷、孔雀貝續煮3分鐘待熟後盛盤。

Chef's Tips

◆南薑讓味道更清香，香茅、檸檬葉、南薑這三樣辛香料是必備的材料；魚露可以增加鮮味。

【點心】

芒果糯米飯

材料

A　糯米2杯、芒果片150公克

調味料

A　椰漿2杯、糖25公克

作法

1　取休閒鍋，加入糯米及調味料A，蓋上鍋蓋，加熱至冒煙，轉小火計時8分鐘後移至外鍋再燜15分鐘即可。

2　掀蓋後拌勻，盛盤，再放上芒果片即可。

Chef's Tips

◆煮米飯的水更改為椰漿，能增添香氣，亦可加入適量糖；搭配椰子絲、芒果食用。

中式風味 全家餐

【主食】

紅麴米糕

Chef's Tips

◆糯米清洗完後濾乾水分，不用浸泡；紅麴不需清洗可直接烹煮。

◆食材需分次下鍋，煸炒一種食材後再放入另一種食材，這樣烹煮出來的米糕香氣才會足夠。

材料

A 糯米2杯、紅麴米50公克、紅蔥頭50公克、薑20公克、乾香菇25公克、五花肉150公克、香菜25公克

調味料

A 白胡椒粉1公克、蔭油15公克、米酒15公克、麻油25公克

作法

1. 乾香菇泡水後切絲；紅蔥頭以易拉轉拉碎；薑切片，備用。
2. 五花肉切成1公分塊狀。
3. 取休閒鍋，加入玄米油，爆香薑片，加入紅蔥頭碎煸至金黃色，再加入香菇絲、五花肉拌炒。
4. 接著加入糯米、紅麴米拌炒均勻，加入調味料A、2杯水，蓋上鍋蓋，開火加熱至冒煙，轉小火計時8分鐘後移至外鍋再燜15分鐘，再加入香菜即可。

【配菜】

1 花菇栗子燒

材料

A　花菇150公克、栗子50公克、紅蘿蔔球50公克、豌豆莢150公克、薑30公克

調味料

A　蔭油膏50公克、味霖25公克、白胡椒粉1公克、五香粉1公克

B　香油25公克、

作法

1　薑切成片狀，放入平底鍋炒香，加入花菇拌炒，再加入調味料A拌炒均勻。

2　接著放入栗子、紅蘿蔔球及3杯水煮沸，轉小火續煮25分鐘。

3　起鍋前加入香油，搭配燙熟的豌豆莢即可。

Chef's Tips

◆這道料理過年、過節可以當作宴客菜，栗子可以選購熟的栗子即可減少烹煮時間，若購買到乾燥的栗子，則必須泡完水後再烹煮。

2 蟹肉高麗菜卷

材料

A　蟹肉50公克、花枝漿250公克、高麗菜葉200公克

B　馬蹄50公克、蒜頭25公克

調味料

A　白胡椒粉1公克、鹽1公克、香油5公克

B　玉米粉50公克、水50cc

Chef's Tips

◆高麗菜燙好後必須立刻泡入冰水，避免讓高麗菜再繼續熟化，且避免變黃。

◆高麗菜葉梗的部分，可以運用刀面拍平後再包裹，包起來比較工整、平順；可以運用切碎紅蘿蔔煮素蟹黃，再淋於高麗菜卷上。

作法

1　蒜頭、馬蹄分別以易拉轉拉碎；高麗菜燙熟，以冰水冰鎮，備用。

2　花枝漿加入蟹肉、馬蹄、白胡椒粉拌勻為餡料。

3　每片高麗菜葉包入適量餡料，放入蒸籠，以大火蒸10分鐘。

4　起鍋，炒香蒜碎，加入1杯水煮滾，加入鹽調味。

5　接著加入香油，以調勻的玉米粉水勾縴，再淋於高麗菜卷上即可。

【湯品】

佛跳牆

材料

A　排骨35公克、鵪鶉蛋20公克、芋頭50公克、雞翅50公克、蒜頭15公克

B　栗子50公克、魚皮20公克、蹄筋50公克

調味料

A　蔭油20公克、白胡椒粉1公克、米酒25公克

作法

1　排骨、芋頭、雞翅分別切塊。
2　將材料A放入180℃油鍋炸至金黃，再放入甕中。
3　取5杯水和調味料A煮沸，再倒入甕中，加入材料B。
4　再放入蒸籠，待底鍋水煮沸後轉小火續蒸40分鐘。

Chef's Tips

◆炸好的材料可以分裝冷凍，食用時僅需加入高湯後便能燉煮，可以免除許多備製時間的程序。

【點心】

芋頭西米露

材料

A 芋頭250公克、西谷米200公克

B 牛奶250公克、細砂糖50公克、椰奶50公克

作法

1 芋頭切丁，放入蒸籠，以大火蒸25分鐘。

2 西谷米加入3杯水泡6分鐘，瀝乾水分後以沸水汆燙，撈起備用。

3 將蒸好的芋頭加入2杯水，以果汁機打成泥。

4 芋泥和材料B煮沸，加入作法2西米露拌勻即可。

Chef's Tips

◆芋頭可換成喜愛的紅豆。

◆西谷米烹煮前需泡水，讓西谷米充分吸水後再汆燙，可以讓西谷米中心不會有粉心未透的白點。泡好再汆燙，可以讓西米露更清澈。

素食風味 全家餐

【主食】

南瓜炒米粉

Chef's Tips

◆米粉必須用大量的油質來烹煮，再搭配鍋蓋的燜煮，可讓米粉口感更彈牙，所以先炒好配料時，要加入適當的高湯或水燜煮為佳。

材料

A 南瓜150公克、高麗菜50公克、米粉250公克

B 乾香菇25公克、黑木耳25公克、香菜25公克

調味料

A 香菇素燥50公克

B 白胡椒粉1公克、蔭油5公克

作法

1 乾香菇泡水後切絲；黑木耳切絲，備用。

2 南瓜去皮及籽後切絲；高麗菜切小片；米粉泡冷水25分鐘至軟，備用。

3 起鍋，炒香乾香菇，加入香菇素燥、黑木耳拌炒均勻，加入調味料B及2杯水煮沸。

4 加入米粉、南瓜絲、高麗菜，蓋上鍋蓋，轉小火煮6分鐘，掀鍋後拌炒均勻，加入香菜即可。

【配菜】

1 香椿樹子豆包

材料

A 生豆包350公克

調味料

A 香椿醬30公克、樹子25公克、蔭油15公克

作法

1. 生豆包切成1公分丁狀，以平底鍋乾炒至焦香後盛起。
2. 起鍋，炒香調味料A，加入1/2杯水煮沸，以小火熬煮1分鐘，再加入生豆包拌炒至香氣足。

Chef's Tips

◆豆包不要選擇已經炸過的，生和熟兩者間的口感完全不同。生豆包的保存期限較短，購買後暫時不煮時，需將生豆包冰存冷凍庫，若放在冷藏室僅能保鮮3天。

2 杏鮑菇萵苣沙拉

材料

A 杏鮑菇250公克、晚香筍150公克

B 小黃瓜25公克、紅蘿蔔25公克、芒果25公克

調味料

A 鹽1公克、橄欖油25公克、黑胡椒粉1公克

B 檸檬汁25公克、糖15公克、陳年醋膏35公克

作法

1. 杏鮑菇切成厚度2公分條狀，表面畫上交錯的十字刀法，深度約0.2公分。
2. 再以調味料A醃漬10分鐘，以平底鍋煎至焦黃熟透即可。
3. 材料B分別切成0.5公分丁狀，加入檸檬汁、糖拌勻。
4. 晚香筍燙透後盛盤，淋上芒果醬汁，再擺上煎好的杏鮑菇，擠上陳年醋膏即可。

Chef's Tips

◆杏鮑菇無論外型或口感和干貝非常接近，切十字刀法時深度不宜過深，過深除了影響美觀，也失去原本杏鮑菇口感，以簡單調味後乾煎就很好吃了。

【湯品】

時蔬茶巾清湯

材料

A 板豆腐150公克、蒟蒻絲15公克、香菜15公克

B 紅蘿蔔25公克、黑木耳15公克、乾香菇10公克、薑2公克

調味料

A 鹽1公克、白胡椒粉1/2公克

B 高湯350cc

作法

1. 板豆腐以濾水板壓去多餘水分；乾香菇泡水，備用。
2. 將材料B及脫水板豆腐放入易拉轉中拉碎，加入調味料A拌勻即為餡料。
3. 以保鮮膜包入蒟蒻絲，再放入適量餡料包起成球形，放入蒸籠，以大火蒸10分鐘後取出盛盤。
4. 高湯煮沸，倒入作法3中，放上香菜即可。

Chef's Tips

- 豆腐的水分必須壓乾，因為水分會影響到整個茶巾的形狀及口感；水分過多較容易散掉。
- 可以搭配喜愛的蔬菜細丁來增加顏色、口感，包裹的食材均是蔬菜，所以蒸煮的時間不宜過長。

【點心】

八寶粥

材料

A 紫米30公克、紅豆150公克、高粱30公克、蕎麥30公克、小米30公克、燕麥30公克、薏仁30公克、蓮子30公克、桂圓30公克

B 冰糖30公克

作法

1 將材料A洗淨，放入壓力鍋，加入5杯水。

2 蓋上鍋蓋加熱，待壓力閥上升至第2條線，轉小火續煮15分鐘待壓力閥下降，加入冰糖拌勻即可。

Chef's Tips

◆可以至傳統市場購買少量的雜糧，可避免於超市購買每樣一大包食用不完的困擾。

◆八寶粥對於坐月子的產婦是一道美味營養的點心；夏天冰在冰箱中，就變成小朋友喜愛的點心。